苦只会苦一阵子，怕就会输一辈子

沐木 著

辽宁人民出版社

图书在版编目（CIP）数据

苦只会苦一阵子，怕就会输一辈子 / 沐木著 .
— 沈阳 ：辽宁人民出版社， 2017.3
ISBN 978-7-205-08860-6

Ⅰ . ①苦… Ⅱ . ①沐… Ⅲ . ①人生哲学－通俗读物
Ⅳ . ① B821-49

中国版本图书馆 CIP 数据核字 (2017) 第 006408 号

出版发行：辽宁人民出版社
地址：沈阳市和平区十一纬路 25 号　邮编：110003
http://www.lnpph.com.cn
印　　刷：北京中印联印务有限公司
幅面尺寸：170mm×240mm
印　　张：16
字　　数：180 千字
出版时间：2017 年 3 月第 1 版
印刷时间：2017 年 3 月第 1 次印刷
责任编辑：蔡　伟
装帧设计：仙　境
责任校对：吴艳杰
书　　号：ISBN 978-7-205-08860-6
定　　价：39.80 元

PREFACE 前言

佛曰："众生皆苦。"啼哭声带着我们降临在这个世界上，各种痛苦也伴随着我们一生，直到生命尽头。我们的人生就是在和痛苦做斗争的过程中寻找安慰或快乐的过程。

而我说："苦只会苦一阵子，怕就会输一辈子。"选择痛苦或快乐，关键在于我们的内心。面对苦难，敢于挑战的人与低头避让的人所面对的结局是大相径庭的。人生这个重担，无论是快乐承担，还是痛苦接受，都需要用力扛起。

一位前人曾经说过："人生若缺少了苦难，就会骄傲自满；若缺少了挫折，就会完全丧失成就感；若缺少了沧桑，就谈不上释然。"一个人的一生中，总要经历许多心酸无奈，也注定会经历挫折磨难，失意在所难免，我们要做的，只是一次又一次地从苦难中站起来。

在大自然中，麦子经历了风雨，才能收获金黄的果实；白杨树经历了风沙，才能变得更加高大挺拔。当苦难来临时，不要逃避怯懦，要勇于直面苦难，才能承受住破茧时的成长之苦，化为美丽的蝴蝶。无论何时吃苦永远是多于享福的。吃苦、耐苦、受苦到离苦，这一过程注定历尽艰辛、坎坷重重，但幸好我们还有坚强和勇气为动力，有希望和信仰做支撑。在排忧解难、战胜苦痛的道路上，我们还能学会释然、学会宽容、积累经验。

大家每天忙忙碌碌，不停地做这做那，其实很多时候都是在逃避，因为一般人非常害怕与真实的自我在黑暗中相会。只有那些强者，才敢于与自己的内心对话，才不惧怕任何苦难。他们能够很好地感知自我，并且调节自我，以最积极的态度面对世界。无论什么时候都不要惧怕痛苦和磨炼，这只是你马上将要成功的预兆，无论多苦，只要坚持住，吃苦只是一阵子，如果怕吃苦，那么真的就会输掉一辈子。

本书告诉现在的年轻人一个成功的真谛，就是与苦共处，让你懂得吃苦的真正意义——是赢得幸福成功的人生。不仅如此，本书还告诉你如何聪明地面对痛苦的事物，帮助你在最短的时间内调整好心态，让你用更积极的情绪去面对生活中的酸甜苦辣，帮助你提高挫折到来之后的“复原力”，在漫长的人生中赢得自己的一席之地。

CONTENTS 

第一章

面对： 苦才是人生，做就能得到

1. 我们往往不知吃苦意味着多大的福报，才会不愿吃苦 //002
2. 苦和难都是化了厚厚浓妆的成功 //006
3. 有梦，就别怕路远，想赢，就别怕冒险 //011
4. 李斯的明悟：人生就像粮仓中的那群老鼠……//015
5. 机会到来的时间，取决于你迎接它的姿态 //019
6. 带着最微薄的行李和最丰盛的自己在世间流浪 //022
7. 苦只会苦一阵子，怕就会输一辈子 //025
8. 受得了苦味的人，才能享受咖啡的醇香 //029

第二章

奋斗： 成功者的终极利器

9. 当你勇敢地去挑战怪物，才会发现怪物只是可笑的蜥蜴 //036
10. 世界上的鸡汤太多，却没人能告诉你怎么绝处逢生 //039
11. 不敢打破规则，再努力都是原地踏步 //043
12. 成功，从不背叛每一个热爱工作的人 //047
13. 哀莫大于心死，在艰难中，给自己一点希望 //051
14. 要么放弃梦想，要么让自己变强 //054

第三章

缺憾：　人生不完美才美

15. 不圆满，是生活赋予我们最好的礼物 //062
16. 事与愿违，能让成功提前到来的绝佳法宝 //066
17. 刘德华都得不到绝对公平，我们又奢求什么呢？ //069
18. 穿越幽暗的山谷，才能体会身在山巅的愉悦 //073
19. 没在深夜里痛哭过的，不叫人生 //076
20. 也许不知不觉，你已经错过了无数成功的机会 //079
21. 羞辱不是财富，对羞辱的忍耐和反击才是 //082
22. 没有天生的信心，只有不断培养的自信 //086

第四章

抗挫：　顺风可以奔跑，逆风却能飞翔

23. 你忍受的痛苦，都是为未来积攒的财富 //092
24. 最大的危险不是失败，而是太安逸 //095
25. 努力，永远拼不过全力以赴 //099
26. 倒下不可怕，可怕的是你永远无法再站起来 //104
27. 挫折不是你跌进泥坑，而是你不知道怎样往外爬 //108
28. 你现在受的苦，总有一天会照亮未来的路 //112
29. 人生没有花常开，有苦有甜有无奈 //116
30. 最泥泞的路，才能留下最清晰的脚印 //120

第五章

坚持： 努力到无能为力，拼搏到感动自己

31. 所有洪荒之力的背后，都是生不如死的坚持 //124
32. 没有比人更高的山，没有比脚更长的路 //128
33. 当你在抱怨空调太凉时，却还有人在烈日下奔跑 //132
34. 即使被踩进泥土，也不能甘心变成泥土 //135
35. 与其悔恨今天，不如用梦想坚持明天 //139
36. 所谓的放手一搏，就是永远不死心 //143
37. 强者不是没有眼泪，只是含着眼泪仍在向前奔跑 //147
38. 坚持就是，他用一根手指建造了一座大桥 //150
39. 逆转，不过是比谁能坚持到最后一秒 //153

第六章

选择： 你选的路不一定通向梦想，却一定能通向成功

40. 从时光的手中，赢得自己 //158
41. 你的未来，从努力争取开始 //161
42. 懦夫向命运低头，强者则向命运挑战 //164
43. 41 岁的她，赢得了全世界的尊敬 //167
44. 所有的选择和坚持换来了他们耀眼的成功 //171
45. 此刻的你，是那个强壮的孩子，还是那个瘦弱的孩子？ //175
46. 后来，她哭累了，悄悄告诉自己要坚强……//178

第七章

无畏：人生除死无大事

47. 阳光永远都伴随着那些能看见它的人 //182

48. 人在路上，心在途中，快乐就在痛苦的背后 //187

49. 他在 72 岁时，苦心经营一辈子的公司破产了……//189

50. 任波涛汹涌，也要做人生的掌舵人 //192

51. 活到最狂妄的年龄时，他忽然残废了双腿……//196

52. 为什么我们从小听了那么多大道理，却依旧过不好自己的生活？//200

第八章

拼搏：不要让将来的你，讨厌现在的自己

53. 恒心，就是天长日久地对一件事情“上瘾”//204

54. 每一次成功的背后，必定隐藏着无数不堪回首的往事 //207

55. 耐心，最应该坚持的“任性”//210

56. 寂寞，是用时光雕琢自己的方式 //213

57. 关键时刻，能救你的只有你自己 //217

58. 如果你连今天都把握不了，也很难把握明天 //220

59. 即使没人为你鼓掌，也要拼尽全力去做好 //224

60. 用今天的泪水，浇灌成功的种子 //227

第九章

突破：赢在终点才叫赢

61. 媳妇再狠，也带不走王宝强“熬”出来的成功 //232

62. 换个角度看人生，永远别怕从头再来 //235

63. 人可以被打败，但不能被打倒 //238

64. 在这个时代里，只有先喜欢自己，才能被别人喜欢 //242

65. 那些让我们痛彻心扉的过往，都将成为我们最珍贵的宝物 //245

第一章

面对：苦才是人生，做就能得到

1. 我们往往不知吃苦意味着多大的福报，才会不愿吃苦

如果你受苦了，感谢生活，那是它给你的一份感觉；如果你受苦了，感谢上帝，说明你还活着。人们的灾祸往往成为他们的学问。

每一个人都是怕苦的，很难听到有谁说“我愿意受苦”。但是苦难在我们的人生道路上是永远存在的，不是我们能逃避的。

我们渴望富足快乐、幸福美满的生活，不愿与苦难碰面，也不想和孤独做伴，更不想在逆境中挣扎。但是，相比于快乐、幸福这些美好的生命感受，苦难、孤独等这些负面的经验会给我们带来不同的深刻感受。

一个小小的困难，可能会让我们记住几天；一个不大不小的挫折，可能让我们记忆犹新；而一个惨痛的教训，会使我们铭记一生。而对那些美好的生命感受则不然，多一分，少一点，总归是身处顺境时身心愉悦的感觉。

身处顺境，很容易使我们陷入一种洋洋得意，甚至是狂妄自大的危险状态，继而会有一些不当的言论和行为，结果就是铸下大错，逐渐走向失败。

人是有潜能的，而这种潜能是如何被我们发现的呢？很多时候是在危急情况下被激发出来的。

进入现代社会，人们开始越来越关注健康问题，开始加强锻炼，我们羡慕那些体形匀称、身材健硕的人。我们也想成为那样的人，于是制订专门的健身计划，可真正能够坚持下来的却没有几个，倒不是我们没有时间，而是受不了那份苦。

健身，是一件需要持之以恒的事，不能“三天打鱼，两天晒网”，也不能“一口吃个胖子”，要循序渐进。我们之所以很难坚持下来，是因为在健身的过程中，肌肉的拉扯所造成的痛苦往往是难以忍受的。也正因如此，才在无形中锻炼了我们的韧性和抗压能力。

当我们把整个过程都坚持下来后，就会发现，我们已经拥有完美的体形了。

其实，苦难就是在锻炼我们的韧性和耐性。在经历过许多的苦难和失败后，我们就会具有抗压能力，同时这也是我们自身能力的积累。在事业中，在实现梦想的过程中，我们就会凭借自己的毅力、韧性、耐性，坚持到底，一举获得成功。

苦难带给我们的还远不止这些，在面对苦难时的从容与淡定，也是一个人趋于成熟的标志。苦难虽然给我们带来许多的麻烦与痛苦，但我们的一生如果不经历苦难，是无法获得蜕变的。只有经历苦难，才能感受生命的深刻，我们的人生才会变得有意义，才会更精彩。世界上的事物都是对立的，有丑陋，才能对比出美丽，有苦难，成功到来时才会更甜。

文王将要伐纣，开始招兵买马，访圣纳贤。一日梦见飞熊入怀，便差人寻访飞熊下落。在得知姜子牙的号就是飞熊后，便亲自来到渭水河边请姜子牙出山，帮助自己完成伐纣大业。

姜子牙得知文王来意后，便问道：“大王请我，不知怎样进京啊？”

文王一愣，随意说道："骑马或者坐轿，随你挑！"

姜子牙便笑着说道："我不骑马，也不坐轿，我得坐大王的辇。"

众人听了姜子牙的话，都吃惊不已。辇，不是随便什么人都能坐的，那是身份的象征，只有帝王才能坐，姜子牙何德何能，竟敢说要坐辇？

众人气得咬牙切齿，就待文王一声令下，将姜子牙当场制服。可文王却爽快地答应了。

但是，事情还没有结束，姜子牙又得寸进尺地说道："这辇还得大王亲自拉才行。"文王手下的文官武将都气坏了，哪来的这么恬不知耻的狂徒啊！可是，文王仍旧爽快地答应了。

最后，姜子牙坐在辇上，文王在前面拉着。身后的官员都叹息不已，文王这是真心实意地请人啊！平日文王不挑担、不提篮的，这回拉辇，哪里能拉得动啊？

果然，文王拉了一会儿，便停了下来，歇息一会儿。回头看看姜子牙，这家伙在辇里竟睡着了。文王苦笑一声，继续前进，不一会儿就又拉不动了。文王就这样，实在拉不动了，歇一会儿，然后再拉。到了最后，已经累得快虚脱了，就对姜子牙说："先生，实在是拉不动了啊！"

姜子牙睁开眼睛，一本正经地问道："大王，真的拉不动了，坚持坚持，还能走几步啊！"

文王连说话的力气都没有了："先生，果真是拉不动了！"

"那好，"姜子牙出了辇，"大王拉我走了多少步？"

文王说："我没数啊！"

姜子牙说道："或许大王忘记数数，不过，我可一直数着，大王一共拉我行走了873步，那么，我便保大王873年的江山社稷吧。"

文王一听，顿时后悔不迭，连忙躬身说道："先生，请快快上辇，我还能拉！"

这时，姜子牙苦笑着说："大王，为时已晚，方才我让大王多拉几步，您着实拉不动了，看来是上天注定啊！"

这是一个值得我们深思的故事，文王每多拉一步车，就能多保一年江山，如果文王事先知道，那他一定会拼尽全力，能多走一步是一步。那时因为希望而激发的潜能是很多人难以想象的。但事实却相反，他事先不知道，坚持了几次后就不再坚持了，从结果来看，文王无疑是放弃了永延福泽的机会，所以在最后，他才会再三要求姜子牙上车，他要接着拉。

那么，我们可以想想自己，在遭遇困难的时候，有人会就此退缩了，而有的人却还在坚持。于是，有人成功了，有人早已不知所踪。其实，不必去羡慕那些成功者，人家付出的够了，坚持的够了，遭受的苦难够了，就会获得成功，我们还达不到他们那样，所以就得继续努力。

苦难，或许会给我们带来痛苦，但那只是暂时的，当我们坚持过来后，就会发现，这根本不算什么，我们的收获远比当时的付出要多得多。

苦难是生命的一场磨炼，不要等到时过境迁后再去后悔，后悔当初没能多坚持几步。在充满坎坷、充满苦难的旅途中，你能坚持多走几步，也许就决定了一个不一样的人生。

2. 苦和难都是化了厚厚浓妆的成功

有人说，苦和难都是化了浓妆的成功扮演的，能够看透这一点的人，才能找到幸福的方向；也有人说，苦难就是实实在在的幸福。其实，苦难的长度与幸福的深度都取决于人们看待苦难的角度。

人的一生就像是一场旅行，在看过形形色色旖旎风光的同时，必定会遇到苦难的站台，所有人都会在这一站停驻。有的人克服了苦难，在荆棘丛生的十字路口找到了踏上幸福快车的正确方向；而有的人因为畏惧苦难的阻挠，在荆棘遍布中畏首畏尾、不敢前行，只能被困在看似恐怖，其实都是纸老虎的荆棘丛中，逡巡不前，在畏惧中忘记了来时路，更找不到正确方向，只能等死。

一位高一的女学生，在考试中发挥失利，害怕妈妈会责备自己，到傍晚还不敢踏进家门，自己坐在公园里的长椅上。泛黄的梧桐叶随风飘落，女学生看着纷飞的树叶，心情越来越糟糕，她觉得街上的人都在嘲笑她的失败，尽管谁都无暇多看她一眼。

渐渐地，公园里的人越来越少。只有两位白发苍苍的老人还在不远处兴致盎然地下棋。荧荧路灯下，落叶飘零中，他们显得和谐而安宁。

走马换将，你来我往，一局结束，再开一局，两位老人实力不相上下，各有输赢。让女学生奇怪的是，赢的老人开心，输的老人也没见不高兴，反而哈哈大笑。再晚一些，二人纷纷收拾东西，准备回家。看到小姑娘坐在那里闷闷不乐，于是上前询问。

“小姑娘，怎么愁眉苦脸的？这么晚还不回家吃饭吗？你有什么伤心的事情啊？”一位老人低下头看了看坐在长椅上无精打采的女学生，关心地问道。

女学生低声啜泣着讲述完自己的难处之后，两位老人哈哈大笑。另一位老人顺势坐在长椅上，抬手指着远处的树，语重心长地说：“孩子，看见远处的那棵梧桐树了吗？现在是秋天啦，它不得不脱掉那层绿衣，等到天气再冷些，还要面对严冬的磨砺。但是等到明年春回大地，枝干上就又会冒出嫩芽，随着天气转暖，梧桐树又会长出新的叶子。”

顺着老人所指方向望去，一棵高大的梧桐树正在瑟瑟秋风中轻轻舞动枝丫，一片一片的梧桐叶随风凋零。用不了多久，满是黄色树叶的梧桐树就会只剩下光秃秃的枝丫。老人的话让女学生陷入了深思。即便梧桐树此时正遭受着秋风扫落叶的痛苦，但它们终会迎来春回大地，享受春意盎然的美好时光。

“小姑娘，其实人生就像是下一盘棋。”一位老人看见女孩低头不语，又说了一个形象贴切的比喻：“人生路上没有常胜将军。这一次输了，下次再加把劲，总有赢回来的时候，没有必要为一时的挫折而失去信心，甚至逃避现实！”

寂寥的秋天是树的苦难，但是熬过凛冬，等待大树的又是盎然生机。

但凡有所成就的人，大都经历过挫折和苦难的磨炼，在苦难中他们重新振作，迎来成功，走向幸福。

苦难并不可怕，它可能只是人生路上的石头。路走多了，谁都可能会被绊倒。重要的是在绊倒之后能够拍拍身上的灰尘，重新振作起来，继续上路。人生就是踏着一段又一段由苦难铺设而成的路前进的。

晋文公重耳，是晋献公第二个儿子。晋献公年轻的时候为晋国开疆辟域，使得晋国成为当时的一大强国，到了暮年他却干了一件糊涂事，这件事差一点使得晋国的强国地位不保。因为宠爱骊姬，晋献公决定废除原先的太子，改立骊姬的儿子为储君。为了巩固新太子的地位，晋献公将包括原来的太子以及重耳在内的几个王子流放到了别的城市。

但是即便如此，骊姬为了确保儿子王位稳固，依然不放过他们，废太子最终被她逼死了。为了活命，重耳也逃到了国外。堂堂王子流亡他乡，这一走就是漫长的 19 年。

流亡之前，重耳因身份尊贵而享尽荣华，不知苦难的滋味，在流亡途中，却尝遍人间冷暖。重耳与他的追随者先逃亡到狄国，为了自保，还在那里娶了国君的女儿。

在重耳暂居狄国的同时，晋国正遭受内乱。晋献公死后，晋国的小国君奚齐就被人刺杀了。出于“国不可一日无君”的考虑，当时晋国内外有两股势力想要将重耳推向晋国国主之位。但是，当时重耳用“君父新丧”的理由婉拒了这个提议，于是王位就落在了他弟弟——夷吾的身上。夷吾是一个非常残暴的人，他即位后，就决定派人刺杀哥哥重耳，以绝后患。

重耳被迫再次流亡。

在这次逃亡的路上，夷吾的残暴无情令他伤心不已，再加上流亡途中遭遇到的各种苦难折磨和游历各国的经历，使他坚定了复国的信念。在此之后，他不畏苦难，重新振作，积极接触当时的强国，以获得他们的支持。来往逐渐频繁的时候，他还虚心地向这些国家的统治者学习治国用兵之道。

不过，计划总是赶不上变化。重耳好不容易逃到齐国的时候，竟然被齐桓公看中，还将宗室之女齐姜下嫁于他。重耳没想到与齐姜结婚后的生活竟然这么快乐，他几乎乐不思蜀了！

5年后，跟随他的家臣对重耳的不作为感到非常失望。于是，他们千方百计地想让他重燃复国的信念。紧接着，家臣赵衰与狐偃等人就在一棵大桑树下计划着怎样挟持重耳离开齐国。巧合的是，在桑树上采桑叶的采桑女听到了他们的计划。采桑女返回后赶紧将这件事禀告给自己的主子齐姜。齐姜思索了一番，感到自己的夫君确实失去了复国的信念。于是，深明大义的齐姜也加入了劝说重耳回国争夺王位的行列，并且奉劝他为一直跟随着自己的家臣想一想。

那时，重耳已经五十多岁了，安乐的生活早已消磨了他复国的志向。对于齐姜的劝告，他无动于衷。关键时刻，赵衰果断出手，用酒将重耳灌醉，然后将他装进了车里拉出了齐国。重耳酒醒之后，早已被赵衰他们带到了另外一个国家。至此，他才重新确立了复国的决心。

终于，公元前636年，重耳回到了晋国，登基为王。

晋文公19年的流亡生活，让他增长了见识、积累了人脉，使他的政治才能得到很大提高。晋文公后来顺利成为春秋五霸之中紧随齐桓公之后的霸主。

时势造英雄，苦难更是一个人成功的基石。如果没有经历过这么多的磨炼，重耳到死也不过就是个流亡国外的落魄王子而已。

苦难是能够代表生命的旋律，有的人听不出这段旋律的精髓，于是就听不到成功的主旋律；有的人听不出旋律的节奏，轻言放弃，于是见证不了旋律结尾的音符；而有的人正视这段旋律，安心享受，并从中学会等待、学会坚强，他们就迎来了成功的华彩乐章。

3. 有梦，就别怕路远，想赢，就别怕冒险

每个人都有要实现的梦想，但奔向梦想的路，没有一条不是荆棘铺就。如果想好梦成真，想冲上梦想的云端，就要敢于冒险，大胆地去拼搏，而不是缩手缩脚，甚至原地踏步，画地为牢。

金融投资家索罗斯只用了 3 个月的时间就有 12 亿美金进账，微软公司创始人比尔·盖茨在短短几年内就成了世界首富，然而，如果你处在比尔·盖茨刚刚开展个人电脑及互联网生意的年代，你有勇气去冒险投资吗？

英国著名的经济学家斯通曾说道："生命的最大价值在于探索未知的奥秘。所以，冒险就成了生命唯一的养料。"

如果有了梦想，却总是怕这怕那，用恐惧束缚着自己本可翱翔蓝天的翅膀，最终，只能将现实与梦想之间的差距扩大。

麦哲伦小时候就有一个非常伟大的梦想：一定要征服大海。

长大后，麦哲伦努力说服了西班牙国王，为自己提供了必要的帮助，之后，他就带着自己伟大的梦想勇敢地上路了。

在航行中，他们遇到了很多困难，比如食物和淡水短缺，最困难时，

不得不靠老鼠充饥；在行进中，他们遇到了刺骨的寒风，不得不停止航行……

在航行中，每前进一步，都要冒很大的风险。但不管遇到多大的困难，麦哲伦都能勇敢地面对，最后，他征服了大海，成为第一个完成环球航行的人。

风险与机遇并存，风险与梦想同在。如果你想实现梦想，就要敢于冒险。冒险不是成功的唯一保证，但不冒险绝对与成功无缘。

有人说：“人生最大的价值就在于冒险，整个生命就是一场冒险，走得最远的人，常是愿意去冒险的人。”

成功，有时只垂青于那些胆大敢为的人。而梦想，只垂青那些能凡事先行一步，有胆有识的人。

洛克菲勒曾对自己的儿子说：“人生就是不断抵押的过程，为前途我们抵押青春、为幸福我们抵押生命。如果你不敢逼近底线，你就输了。为成功我们抵押冒险难道不值得吗？”

1859 年，美国一石油公司公开拍卖股权，拍卖的底价是 500 美元。

洛克菲勒和他的合伙人也参与了这次拍卖。当价格一路攀升至 5 万美元时，人们都认为这个价格太高了，于是，洛克菲勒的对手们纷纷退出。但洛克菲勒却志在必得，以较高的价格买下了这家公司。

很多人认为洛克菲勒是在进行一场豪赌，这一举动太冒险了。因为石油的开采和出售都有很大的风险，把身家性命全押在这里，等于自寻死路。

在竞拍的过程中，洛克菲勒也曾犹疑退缩，感觉自己像在赌场上赌钱一样，有些心惊胆战，可他很快便平静下来，并告诫自己：“不要畏惧，既然下了决心，就要勇往直前！”

冒险买下这家公司后，洛克菲勒开始努力经营。最终他的标准石油公司，在美国石油业甚至世界石油业都占据了举足轻重的地位。

时光匆匆流逝，梦想不会为任何人停下前行的脚步，也不会因任何人的悔恨而倒退回到从前或起点，给人从头再来的机会。心中若有梦，就不要畏首畏尾，应该大胆向前。凡事领先一步，你就能比别人早一步抵达目的地。

卡耐基概括说：“冒险是一种奋斗，一种促使人生变得更加辉煌的奋斗。”如果你想让梦想成为现实，想有非凡的事业与人生，有时不妨去冒一下险。

1973 年，盖茨被哈佛大学录取。能在这所世界知名的学府读书，是人见人羡的事。

可 1974 年，当盖茨得知第一台个人电脑问世后，他就决定从哈佛大学退学，然后去创业。很多人认为，盖茨这是在冒险，可正是因为盖茨敢于冒险创业，才有了他后来的非凡成就。

1975 年，盖茨和好朋友保罗成立了公司，命名为微软。

1981 年，IBM 公司正式展出其新型个人计算机，微软公司成了为 IBM 公司提供语言程序的指定公司。

在 IBM 个人电脑问世半年后，微软正式成为个人电脑软件领域的领导者。此时，年仅 26 岁的盖茨享誉世界。

有梦想的人，要有胆有识，要敢于冒险。

在通向人生的路上总是高手如云，强者如林。如果有梦想，却不能主动地迎接风险的挑战，那只能面对被淘汰的结局与命运。

凯蒙斯·威尔逊是美国著名企业家，他在 17 岁时就极具冒险精神。当他发现剧院门前不出售零食时，就说服了剧院老板，在剧院门口放了一台爆米花机卖爆米花，由此，掘得了人生中的第一桶金。

第一次世界大战后，威尔逊手头已经有了一定的资金，当时，国内经济衰退，投资房地产的人极少，地皮的价格非常便宜。但由于美国是战胜国，经济会很快复苏，地皮价格也会迅速上涨，于是，威尔逊决定将所有的资金投资房地产业。

尽管当时很多人都感觉他在冒险，可三年后，他却获得了丰厚的利益。

1951 年，威尔逊在一次旅行中发现国内旅馆的环境都不是很好，于是，他决定开一家环境和服务都比别的旅馆强很多的旅馆，并且立即着手行动，没过多久，他便建起了第一座汽车旅馆。

由于汽车旅馆的位置好，价格低廉，卫生和服务条件也都比较好，一时间，人们趋之若鹜，威尔逊的生意由此开始打开新的领域，并在仅仅 20 年的时间里，就把假日酒店开遍世界。

《汉书·项籍传》中说："先发制人，后发制于人。"只有比别人敢于冒险，时刻领先于别人，才能掌握主动，在竞争中获胜。

英特尔公司为鼓励员工的冒险和创造精神，在激励机制里，专门制定了一条"鼓励冒险"的条款，它甚至允许职工犯错误，就是不允许职工按部就班。

在网络时代，世界 500 强的高管与普通人站在同一条起跑线上。或许，明天的亿万富翁就是你！但前提是，你要敢于去冒险。

4. 李斯的明悟：人生就像粮仓中的那群老鼠……

生命中没有“不劳而获”，你想要什么，就必须要先付出代价。想要赢得人生的胜利，同样要先付出辛苦和汗水。

如果想要过上好生活，就先要学会吃苦，懂得付出。

从前有一个农夫，他有两个儿子，大儿子非常懒惰，从来都不喜欢下地干活，小儿子却很勤劳，有什么事情都抢着做。

农夫很为自己的两个孩子担心。一天，他把两个孩子叫到自己的面前：“孩子们，你们都长大了，要学会独立生活，我没有很多财产分给你们，只能给你们两块地。其中的一块我已经开垦了多年，土壤很肥沃了。另外的一块在后山脚下，面积大一点，但是要自己去开垦，你们选吧。”

两个儿子互相看了看对方，大儿子说：“我是老大，我先选，我要你开垦过的那块地。”

小儿子笑了笑：“我没有意见，后山的那块地归我。”

小儿子说完就背着锄头兴高采烈地去了属于自己的那块地里，果然，荆棘丛生，土壤板结，里面还有很多石头。看来得费点力气了。他毫不迟疑，马上动手锄杂草。

大儿子三天后才到自己的地里，随便用耙子耙了几下，撒了一包菜籽，连水都没有浇，就回家睡觉了。仅仅过了几个月，他那块肥沃的土地便因为疏于管理而日渐荒芜。

一年后，村里的人都说后山变成了花海。大儿子听说这个消息，也跑去看。可这不正是自己的弟弟分到的那块地吗？怎么变化这么大？原来的杂草都不见了踪影。放眼望去，是一片花的海洋，红的、紫的、粉的……开得姹紫嫣红，芳香四溢。而那些小石头，被弟弟悉心地铺成了石子小路，人走在上面还可以按摩脚底。

当弟弟满脸笑容地邀请他参观自己的花卉基地时，哥哥非常惭愧，他自以为过了一年悠闲自在的日子，现在却发现，那种日子是那样的没滋没味。

我们想要好好地享受生活带给我们的果实，就必须要先为它施肥、浇水。这就好比一个农夫，在春播夏种之后把丰硕饱满的果实搬进粮仓时的喜悦；就好比一名教师，全身心投入到教学中，最后看着自己的学生走向成功时的欣慰；就好比一位母亲，在怀胎十月之后，看到自己的宝宝出生时那种激动……但没有付出过，肯定是体会不到这种喜悦的。

想要得到任何物品都要付出代价，你想过得比别人都好，就要比别人付出得都多。生活对于每个人来说都是公平的，天下没有免费的午餐，甜美富足的生活要用自己的智慧和双手来创造。

生活中，我们需要付出金钱或劳动力才能换来想要的东西，没有什么是能够平白得到的。没有一件工作是轻松的，凡事都犹如逆水行舟，不进则退。在工作中不努力，我们就会被人赶上，业绩会被超越，位置会被取代，之前所有的努力也会付之东流。

努力工作就势必会辛苦，没有不辛苦的工作，也没有不努力就能收到回报的工作。想要获得比别人的更多，就必须付出比别人更多的努力，就必须比别人更加习惯辛苦。

但也有很多人，总想着不劳而获，或是少劳多得，其最终往往没有什么太好的下场，有道是“天道好轮回”嘛。

秦相李斯年轻的时候，只是楚国蔡郡府里一个看粮仓的文书，每天记录粮食出入仓库的情况，每天波澜不惊。谁能想到一件再正常不过的事情竟会改变李斯的人生，使他此后的道路发生天翻地覆的变化。

一次，李斯到厕所方便，一进门就惊动了一群老鼠。看着这群生活在厕所之中，体形瘦小、毛色灰暗、又脏又臭的讨厌家伙们，李斯心中恶心至极。这时他忽然想到了在仓库中看到的老鼠，它们一个个在仓库中吃得肥头大耳、皮毛油亮，更是仗着体形优势为所欲为。与眼前这群令人厌恶的老鼠相比，真是天壤之别！

想到这里，李斯突然明悟：人生不就像这一群老鼠吗？不是在仓库就是在厕所，所处的环境不同，其命运也会不同。而自己不就像这群厕中之鼠吗？守着一个小小的仓库做了多年文书，对外面的世界全然不知，外面到底还有怎样的一番天地呢？

李斯在仓库中待了将近10年，忽然生起去外面闯荡的想法，而且说走就走，极其潇洒，他马上收拾行李离开了蔡郡府，去拜访大学者荀况，从此踏上了寻找“天下粮仓”的梦想之旅。

20年后，他为秦始皇统一天下立下了汗马功劳，名垂青史。

辛苦又怎样？我们收获的是充实，是对工作经验的积累；曲折又怎样？我们收获的是升华，是对生命的磨砺；艰难又怎样？我们收获的是感悟，是对真理的体悟。

在人类文明的进程中，一代又一代人，一点一滴地给我们积累了大量的经验，让我们得以在工作和生活中、梦想旅途中避免太多的错误。成功唯一的捷径就是不懈努力，我们通过自己的努力，获得属于我们自己的果实，习惯于付出，终有一天，你会收到满意的回报！

5. 机会到来的时间，取决于你迎接它的姿态

别人的龌龊、肮脏、品行不端，正是你的机会。当别人随波逐流自甘堕落成为垃圾，靠伤害别人宣泄苦闷时，你的坚忍与努力，就更凸显价值。

我们常说，机会总会留给那些有准备的人，如果你没有任何准备，就算机会来敲门，你也把握不住。牛顿发现万有引力定律后，有人讲了这样一则寓言故事，故事的大意如下。

一个人死后去见上帝，上帝看了他的平生经历后，很不高兴地说："你在人间生活了近七十年，怎么一点成绩都没有？"

这人不服气："万能的上帝啊，不是我没有成绩，是你没有给我机会，如果你让那个改变牛顿命运的苹果砸在我的头上，那发现万有引力定律的人就是我了！"

上帝说："我给所有人的机会都是一样的，只是你没有把握住罢了，你若不服气，我不妨再给你一次机会。"上帝手一挥，时光倒流到了几百年前牛顿午睡的苹果园。上帝摇动苹果树，一只红透的苹果落下，正好砸在这个人的头上，只见他捡起苹果，用衣袖擦了擦，三下两下就把苹果吃

进了肚里。

上帝又摇下了一只大苹果落在他的头上，结果，又被他吃掉了。

上帝再次摇落了一只更大的苹果砸在这个人的头上，此人暴怒，捡起苹果将其恶狠狠地扔了出去，并嘟囔道："该死的苹果，打扰了我的好梦！"

被扔出去的苹果落下，砸在了正在另一棵苹果树下睡觉的牛顿头上，牛顿醒来，捡起苹果，陷入了沉思，发现了万有引力定律。

时光回到现在，上帝对那人说："现在，你应该心服口服了吧？"那人仍旧哀求："万能的上帝啊，请再给我一次机会吧！"

上帝摇摇头，怜悯地看着他说："不能看清机会，再给你一百次机会也是没有用的！"

老天对待每个人都很公平，机会不是等来的，而是自己创造的。如果你习惯了等待，那么即便有一百个机会来到你的面前也会与你擦肩而过。自己不主动、自己不提前做好准备，就算上帝有心给你机会，也无法成就你。

没有人能够把握你的命运，只有你自己才是命运的主人。要想改变命运，先要改变自己。心理学家认为，人的一切行为及行为所产生的结果都是一个人思想的外在反映，换句话说，一个人的思想决定着一个人的一切。当你时刻都在想着如何做好一件事情的时候，想做不好都难。

我们身边还有很多人总是抱怨自己没有机会。真的是没有机会吗？不是的，很多时候，只是因为你不知道机会来自于哪里罢了。

两只饥饿的狼，在寻找猎物的时候，发现了一片水草肥美的地方。

一只狼兴奋地叫了起来。

"我们又不吃草，你高兴个什么劲儿？没出息！"另一只狼费解地看着它。

“我们不吃，但是小肥羊爱吃呀！”这只狼说完，便朝另一个方向飞奔而去。

“你去干什么？”剩下的那只狼不解地追问。

“我得想办法把这个好消息转告给羊。”飞奔的狼回答说。

同样是一片草地，因为眼光不同，一只狼看不到在水草丰美的地方背后的巨大财富，而另一只狼却已经想到了用这片草地吸引羊群过来。其实，机会就好比是隐藏在草后面的羊，很多人往往只是单纯地看到了面前的草，却看不见草后面隐藏的羊，所以一次一次地与机会擦肩而过；而有的人却能透过草地看到肥羊，成功地捕获了机会。

阿里巴巴的马云在谈创业的时候，曾这样评价人们对待新生事物的反应：看不见、看不起、看不懂、来不及。其实用这四点用来形容机会更为贴切。机会来临之时，很多人看不见；机会发展到初级阶段时，很多人看不起；有人利用机会收获财富时，很多人看不懂；当机会已经成为一种大众都能看到的东西时，好事已经轮不到你了。磨砺自己的眼光，准备自己的钓具，你才能在机会来临之时，钓上让他人羡慕的大鱼。

6. 带着最微薄的行李和最丰盛的自己在世间流浪

只要你够努力，够坚持，也许你就是下一个励志故事。

每天打开手机或是电脑，那些享受鲜花和荣誉的成功人士，就会不断地出现。一个国家乃至世界上的大事都被这些大人物操控着，他们就像轨道上的火车头带着社会前进。书籍上、报纸上介绍的大都是这些成功人士和他们惊心动魄的成功史，让我们羡慕不已，可是你有没有想过把自己活成一个励志故事呢？也让别人在看到我们的励志故事后，受到震撼和启迪，懂得吃苦耐劳、坚持不懈的精神。扪心自问：自己为什么不可以把自己活成一个有励志故事的大人物呢？

读到这里，我们先看看发生在我们身边的三个年轻人的故事：

第一个故事，一个很普通的电梯司机，每天的工作就是负责开关电梯门和选择楼层，穿着朴素，扎着一个简单的马尾，拎着水杯，还拿着一本英文书。

在北京这样的女孩很多，她们都默默无闻地工作，没有人会注意到她们。从最开始见到她，手里捧着的是高中课本，然后变成大学课本、四六级书、考研。没有人太在意这个陌生女孩在学什么、什么背景、家住哪里、工资是多少，她的梦想是什么，还有她读这些书是为了什么。楼里的一些好心居民可怜这个女孩，有时候会把家里没用的书籍或报纸拿给她看。后来，很长一段时间没有见到她，大概是换工作了吧。再后来，有人无意看到她穿着职业套装出现在一座高档的写字楼里。

第二个故事，一个没有出过远门的农村姑娘，独自一人来北京打拼，由于文化程度不高，在别人家做保姆。做完家务，女孩用英文软件学习英语，跟别人练习普通话、上夜校、读自考。后来这姑娘当了对外汉语老师，专门给那些钱不多但又需要学习汉语的外国学生当老师。她不挑活，不怕累，大小钱都赚，自己又节省，后来自己用攒的钱买了一辆二手车，开着车为更多的人上课。令人惊奇的是，这个姑娘还开了个早点摊，每天早晨卖豆浆油条，同时还在一家小型的化妆品店打工。

第三个故事，一个农村来北京奋斗的小伙，他高中落榜后，独自一人来到北京，一边打工一边自考。他很向往大学生活，于是就在北京某大学附近租了房子，白天工作，晚上去大学自习室看自考书。就这样坚持了三年，完成了从专科到本科的学历。毕业后，他选择去一家网络公司，通过自己的努力，如今他月收入达到了七八千，这些钱在北京不算多，也不算少。可他仍然在拼，晚上他就在自己租房的附近找一个餐饮兼职，每晚 4 个小时，月薪 1500 元。他还加了一个兼职群，周六日在各大超市做督导。肯吃苦的他，一人做了三份工作。有一个朋友问他，你不累吗？这样会把自己搞垮的！他这样回答：“我不敢休息，因为我没有存款；我不敢说累，因为我没有成就；我不敢偷懒，因为比我牛的人还在努力。”

这三个故事里的主人公都是我们身边实实在在的普通人，没有什么背景，家境也不富裕，他们也没有上过大学，甚至连“对口专业”都不知道。

他们想要的东西，也许你我唾手可得；他们努力赚的钱，也许你父母随便就能满足你；他们刚来到这个陌生的城市，卑微得如同路边的一棵草，没有人注意得到。但是不要紧，他们看得到自己就行了。

现在的年轻人大多很浮躁，想法也很可笑，想着不用付出多大的努力就能一夜暴富或是一夜成名。干一件事坚持不了多久就抱怨上天不公。但是你是否认真想过，电视上、报纸上的那些成功人士是在多大的时候就开始奋力打拼了呢?

三个平凡普通的年轻人，三个熠熠生辉的励志故事，他们的刻苦精神让我们敬佩，也给我们上了一堂终生难忘的励志课。

成功离我们并不远，只要你肯吃苦、够努力，很可能下一个励志故事讲的就是你。

7. 苦只会苦一阵子，怕就会输一辈子

人生不会苦一辈子，但一定会苦一阵子。如果你为了逃避苦这一阵子，就一定会输一辈子。

看看生活中那些取得成功的人，他们没有未经苦难就获得成功的，华裔导演李安就是这样一个例子。

1978 年，李安决定报考美国伊利诺伊大学戏剧电影系的时候，李安的父亲坚决不同意，并语重心长地劝李安说："孩子，在美国百老汇，每年有 5 万多人只为竞争那很少的两百个角色……"但固执的李安还是登上了去美国的飞机。

5 年后，李安顺利在美国伊利诺伊大学拿下了硕士文凭，之后，他又花费长达一年的时间完成了自己的毕业影视作品。他的毕业作品除了获得最佳作品奖称号之外，还吸引了几家影视经纪公司的注意，其中就有一家经纪公司与他签约的同时，还承诺将他引荐到世界闻名的电影中心——美国好莱坞。

进入好莱坞电影城发展几乎是每个年轻电影人的梦想，李安也不例外。

与经纪公司签约后，李安原以为离梦想已经不远了，但事情并不如想象中美好。原来，所谓的经纪人，并不是帮他介绍工作，而是等他有了作品后，再代表他把这部作品推销出去。

此时，李安终于明白了父亲的一番苦心。墙上的日历就像李安笔下的稿纸一样，撕了一页又一页，整整6年，大多数的时间，李安都在打杂和等待中度过，最痛苦的经历是，他曾经拿着一个剧本，两个星期跑了三十多家公司，一次次面对别人的白眼和拒绝。直到这时李安才明白，在美国电影界，一个没有任何背景的华人要想混出名堂来，真的太不容易了。

6年，李安处于无业状态，家里所有的开销仅靠妻子微薄的收入来支撑。那时候他们已经有了大儿子李涵。为了缓解内心的愧疚，李安每天除了在家里读书、看电影、写剧本外，还包揽了所有家务，负责买菜做饭带孩子，将家里收拾得干干净净。那段时间，他俨然是一个“家庭妇男”。

继续等待还是放弃，李安在苦苦挣扎。

漫长的思索之后，李安决定对现实妥协。为了养家糊口，他去社区大学报了一门电脑课，因为电脑可以让李安在最短时间内有一技之长。随后的几天，他一直萎靡不振。

李安的妻子很快发现他的情绪不对劲，一向心思细腻的她突然发现李安包里的课程表。那天晚上，李安的妻子一夜没有与他讲话。次日一早，李安如同以前一样将妻子送到楼下，然而，这一次的妻子在上班之前，神情严肃地对他说道：“李安，不要忘记你心中的梦想。”妻子的一句话让李安深深震动，那些即将在庸庸碌碌的生活中被打磨掉的梦想突然又一次如同花儿一般在李安的心底绽放。妻子上班后，他将包里的课程表拿出来，一点一点地撕成碎片，并丢进垃圾桶。从那以后，他又重新点燃了自己对电影的梦想。

李安创作的剧本《推手》1990年时在台湾获得了政府颁发的优秀剧作奖。他因为这个剧本，不仅获得了40万元的奖金，还获得了人生第一次独立导演影片的机会。电影版《推手》刚刚上映没几天，就获得了业内的关注和广大观众的一致好评。至此，他才觉得自己之前6年的潜伏期都是值得的。

从那之后，由李安导演的电影陆陆续续在国际上获得了很多奖项。有一天，妻子旧事重提，她对李安说："我一直坚信，一个人只要有一技之长就足够了，你的特长就是拍电影。如果你想冲刺奥斯卡最佳导演奖，你就不能轻易放弃自己的梦想。"

2006年，李安凭借《断背山》力压多名美国大牌导演，荣获第78届奥斯卡最佳导演奖。如今，李安已经拿到了不止一座奥斯卡小金人，并被世界公认为一流的电影导演。

这样的例子数不胜数，他们没有亲口对我们说，梦想是怎么回事，应该怎样努力，但却用行动向我们诠释了，只有努力拼搏，才能获得成功，才能站在人生的最高领奖台的道理。

吃苦是勇气、素质、境界，它贯穿于每一个人为目标而奋斗的全过程。一般人在放松、享受的时候，总有一些人会主动选择吃苦，这些人对自己够狠，在苦中反复煎熬，往往也能更好、更快地提升自己，在众人之中脱颖而出。

《大长今》是韩国一部大型励志剧，讲述了徐长今是如何通过自己的努力成为朝鲜王朝历史上首位女性御医的故事。长今的聪明和伶俐时至今日依然让所有人折服，但她吃苦耐劳的精神更让人动容。为了获得学习的机会，她每天天不亮就烧水洗碗，干各种杂活，直到深夜，而且天天如此；

韩尚宫让学生们“去寻找 100 种可以吃的水”“去采 100 种野菜”，并要懂得分辨哪些野菜可以食用，哪些野菜是有毒的，要做到这些是非常困难的，一般人吃不了这种苦，只有长今做到了，达到了韩尚宫的要求。长今能从小宫女，一直做到三品堂上官并任皇帝的主治医生，靠的就是她脚踏实地的勤劳苦干与聪明才智。

长今在后来的一次比赛中，由于使用了普通百姓吃不起的上好牛骨熬汤，违背了为普通百姓制药的初衷，遗憾地输掉了比赛。韩尚宫为了让长今对自己犯下的错误进行反省，于是吩咐她前往云岩寺去服侍因年老而常年卧床不起的老尚官。长今离开后，连生、阿昌以及令路等人都以为自己终于获得了跟随韩尚宫学医的机会，结果当韩尚宫用训练长今的方式训练她们的时候，她们根本不能做到，因为她们吃不了苦，反而认为韩尚宫是故意刁难她们，所以才会对她们要求如此严格。只有长今承受住了苦难，最后才获得成功。

在苦涩中，慢慢成长，慢慢蜕化，你终有一天会与众不同。

8. 受得了苦味的人，才能享受咖啡的醇香

正是因为感受到苦难，我们才会了解人生的短暂。对上天多一份虔诚的庄重，对生命多一份郑重的珍惜。小苦、小智，大苦、大智，我们的生命就是在这样的过程中获得了完整。

很多人喜欢喝咖啡，为咖啡的芬芳香醇所迷醉，在喝咖啡时却要加很多糖，因为他们受不了咖啡的苦涩味道；也有一些人喜欢它芳香中暗藏的苦味，在他们看来，苦才是人生的真谛。其实，苦也能是甜，就看你以什么样的角度看待苦。

鲜花在绽放时需要忍受撕裂之苦；新芽在萌发之时需要饱受泥土和种皮压迫之痛；蝴蝶在化蛹成蝶之际也要忍受蜕皮脱茧之苦。

很多人不愿吃苦、不想吃苦、不能吃苦。但一个有梦想的人，必须要学会吃苦。在为梦想打拼的时候，就要吃尽苦头，甚至头破血流。一个有梦想的人，要甘于为实现梦想而奋斗，永远不向苦难低头。

她叫安吉尔·沃伦德，是一个出色的空中杂技演员，收获过无数荣誉和掌声。忽然有一天，观众们的掌声从她的生活中消失了——她得了癌症。

当医生告知要切除她的右腿时，她整个人都崩溃了。

丈夫史蒂夫安慰她说："这是因祸得福也未可知，走钢丝那么危险的杂技，我不希望你继续表演下去。"然而她却说："我只希望能再表演一次，哪怕只有一次！"

手术很成功，医生为安吉尔的右腿膝盖以下部分安装了义肢。出院后，安吉尔在丈夫的陪同下练习走路。过了不久，她又重新回到杂技团练习走钢丝。

在教练的指导下，她从头学起，却一次又一次地掉下钢丝，最后教练劝她放弃。她笑了笑说："跌倒，是走稳的先决条件。我要做到像以前那样，忘记钢丝的存在。"

1999 年 3 月的一个晚上，在美国宾夕法尼亚州曼斯菲尔德的演出大厅里，安吉尔身穿天蓝色丝绒服，在观众们的注视下，缓缓地走在又高又细的钢丝上，身姿轻盈而优美。

走到一半时，观众看到她的身子突然失去了平衡，随着手中的平衡杆左右晃动，她的神情充满惊愕。如果从钢丝上摔下来，后果将不堪设想，因为舞台是坚硬的地板，而她没有系安全带！

"快把灯光从她眼睛移开！"丈夫史蒂夫大声喊道。

原来，安吉尔无法像一般演员那样可以依靠脚掌的感觉行走，她必须借助眼睛的观察才能确定右腿在钢丝的位置。

聚光灯移开了之后，安吉尔重新镇静下来，再次平稳而优雅地向前走去。等她走完钢丝站在舞台上时，台下顿时响起了她久违了的、热烈的掌声。

这是她最后一次，也是世界上绝无仅有的一次演出——她是唯一用义肢走钢丝的人。

我们虽然能在地面上健步如飞，却无法在钢丝上挪动半步，更不要说失去一条腿！然而，在真正不屈不挠的人面前，残酷的命运也要绕道而行，灾难和困苦也可以成为他们的翅膀。作为拥有尊贵灵魂的人，不应该被苦难打倒，而要把苦难幻化成生命中壮丽的彩虹。

孟子说："故天将降大任于斯人也，必先苦其心志，劳其筋骨，饿其体肤，空乏其身，行拂乱其所为，所以动心忍性，曾益其所不能。"

吃得苦中苦，方为人上人。想要做一个成功的人，必须先学会吃苦，才能为了看起来虚无缥缈的成功全力以赴。

看戏的人，多有这样的体会，戏到高潮时，多一言不发，一门心思地静心看戏。此时，台上唱戏的主角就会渐入佳境，彰显自己非凡的功力。可台上一分钟，台下十年功，一个名角的成功，靠的一定是平时咬牙坚持的刻苦练习。

在通往梦想的路上，在苦难与挫折面前，不同的人，有不同的选择。

有些人，因为怕吃苦而选择退缩；有些人不怕吃苦，当然会选择勇往直前。选择不同，自然结果不同。不能吃苦的人，通常会迎难而退放弃梦想；而能吃苦的人，通常迎难而上披荆斩棘，这样的人距离梦想自然会越来越近。

很多人特别不喜欢吃苦。其实，有时多吃一些苦，多遇到一些挫折，是一种历练、一种资本，人生正是因为有这种资本才显得珍贵而短暂。凡在世间经历过跌宕起伏的人，都明白这样的道理：温室里只能培养华美娇嫩的花朵，却培育不出傲雪的青松，雄鹰只有经历过霜风雪雨，才能长出足以搏击长空的翅膀；人只有历尽苦难，才能真正成长，走上人生的巅峰。

一个酷爱登山的男孩在一次探险中遭遇不测，失去了双腿，余生只能在轮椅上度过。他痛苦不堪、一蹶不振，任谁劝说也不听，把自己关起来，不停地摔打东西、捶打自己。他觉得自己的腿残废了，就再也没有什么活着的希望了。

一天，他的父亲推着他来到厨房。

厨房里有三口锅，正在烧着水。过了一会儿，水开了，父亲在三口锅里分别放了一个萝卜、一颗蛋、一包咖啡粉，然后看着它们在不同的锅里翻滚。

煮了一段时间之后，父亲把火关了，把锅里的萝卜、蛋和咖啡分别捞出来，放在不同的碗里。

“孩子，你看到了什么？”父亲问。

“煮熟的萝卜、蛋和咖啡。”男孩有些狐疑，他并不理解父亲为什么要这样问。

“它们与原来相比有什么不同吗？”父亲接着问。

能有什么不同呢？萝卜原来是又硬又脆的，现在变得软绵绵了，用手指一按就一个小坑儿；鸡蛋煮熟了，从外面看没什么大变化，但他知道里面原本是液体，现在变成固体了；而咖啡粉煮过之后，已经融在了水里，变成了一锅浓香的咖啡。男孩把这些想法说给了父亲听。

“那你想到了什么？”父亲的问题有些莫名。

“不知道！我怎么知道？”男孩有些不耐烦，自从出事之后。他性情大变，脾气暴躁。

父亲却不急，耐心地给他解释说：“对于这三样东西而言，水就是灾难，就是苦头，水想要征服它们。但面对这场苦难，这三样东西的反应和结果却是不一样的。原本坚硬的萝卜在滚烫的水中变软了；鸡蛋原本非常脆弱，经不起磕碰，可经过沸水的洗礼之后却使得它们的内里变得十分坚韧；咖啡粉就更特别了，在滚烫的水中，它顺势而下，居然与水奇妙地融合了。”

“那么，儿子，你想成为什么？”父亲不疾不徐地说，“你想成为看似坚硬却经不起沸水的洗礼变得软弱无力的萝卜；还是想成为在苦难挫折到来时变得僵硬、顽固的鸡蛋；又或者你想成为原本不起眼，但伴随着水的沸腾却变得愈发美味的咖啡呢？”

听了这番话，男孩平静下来，他陷入深思。如果像咖啡那样，当苦难到来，可以顺势而为，从中汲取能量，就能使自己强大，而且，也会让周围的人感受到自己的魅力。

吃苦是成就梦想的资本，是磨炼意志的“磨刀石”，有梦想的人，一定要有吃苦的精神准备，要能适应艰苦的环境，能以苦为乐，坚守梦想。

人生是漫长的，也是短暂的。正面迎接挑战，把苦难化为永恒的动力，把挫折当成最粗鲁的磨刀石，终有一天，锋芒毕露之时，才能感受到人生的长度。

第二章

奋斗：成功者的终极利器

9. 当你勇敢地去挑战怪物，才会发现怪物只是可笑的蜥蜴

任何人只要去做他所恐惧的事，并持续做下去，直到获得成功，他便能克服恐惧。

恐惧是一种情绪，每个人都有，但恐惧也不仅仅是一种情绪，有的人经历过后就算了，而有的人却将恐惧转化成了心理阴影，惧怕一切、躲避一切，最终被恐惧所吞噬。

二战期间，在纳粹头子希特勒的强制命令下，德国科学家曾做过一项震惊世界的心理实验。

他们找来一名俘虏，之后通知他，过一会儿会在他的身上做一项生物实验，即在他的手腕上划一刀，然后观察他身上的血一滴滴地流光殆尽的生理过程。

他们吩咐几个德国士兵将这位俘虏五花大绑在实验台上，然后用黑布蒙上他的眼睛，紧接着用一块非常薄的冰块在他的手腕上象征性地划了一下。与此同时，科学家们还在他的手腕上放置了一个装满液体的吊瓶，因为吊瓶里盛装的液体与人体血液的温度相差无几，而吊瓶管子的一端，就

搁置在这个俘虏的手腕上面，最后，水就能够从他的手腕上慢慢地往下滴落。在他的手腕下方，科学家搁置了一个铁桶，让这个被蒙上眼睛的俘虏听到水流出的声音。他下意识地就会认为自己身体里面的血正在往外流淌。实际上，他的手腕甚至没有被划伤，只是，他看不到，只能凭感觉。

就这样，几个小时后，这个俘虏活生生地被吓死了，而且他死去的状态与那些因失血而死的人毫无二致。这一切不过是因为他坚信自己被放了血。

当很多人在面对残酷的现状或激烈的斗争时，总是还没有开展行动就放弃了，只是因为他们害怕失败。

恐惧就像是一种尚未来临的危机，它往往寄生在尚未触摸到的未来中，往往人们对危险的惧怕要比危险本身更可怕。如果我们无法从心底克服恐惧，那么这个阴影就会一直跟着我们，变成一个怎么也无法摆脱的噩梦。

这就好比对失败的恐惧，只是这样的恐惧除了来源于失败，同样也来源于其他方面。

这是一个与世隔绝的小村庄，生活在这里的人祖祖辈辈都没有离开过，也从来都不了解外面的世界到底是怎样的。原来，村里唯一和外界联系的道路，被一只凶残巨大的怪物占据着。村里老人都告诉孩子们：无论如何都不要靠近怪物，要不然只有死路一条。

在保罗还是一个很小的孩子的时候，就常常会听到祖母的告诫：“千万不要靠近山里的出口，那里有着一个可怕的怪物。”然而随着年龄的增长，已经长成一个健壮小伙子的保罗却对外面的世界愈发好奇和向往，他开始一次次地计划着去打败那只怪物。

保罗拥有技艺超群的箭法，就算是村里的老猎手也比不上他。保罗觉得自己完全可以打败那只怪物了，但是他的这个想法却遭到了全村人的反对。他们觉得一直以来都和怪兽相安无事，保罗如果去挑战怪兽，势必会激怒怪物。

大家的阻拦并没有让保罗放弃，他还是想要去试一下。于是，天黑以后，保罗趁着大家熟睡的时候，就悄悄地带着弓箭出发了。

在快要到达山口的时候，保罗十分紧张，他看到远处有个巨大的影子在一起一伏，而且样子看起来非常凶猛。他的心里开始有点儿害怕了，但是转念一想，既然已经来了，无论如何都要试一下，于是，他勇敢地朝着怪兽走去。

可是，当保罗接近怪兽的时候却惊呆了，原来所谓的怪兽不过是一只蜥蜴而已。

因为村里流传下来的告诫："千万不要接近怪物，否则必死无疑。"因此村里的人从没有走出过大山。这是因为村里人对"怪物"无比恐惧，后来因为保罗的勇敢揭开了这困扰祖祖辈辈很多年的怪兽只是一只蜥蜴而已。从此以后，村里的人也终于可以走出大山了。

生活中同样也是如此，知难而进是一种精神，如果只是因为听说，或者在模糊的印象中将"对手"无限扩大化，犹豫和恐惧感将会使自己备受困扰。

在我们身边有人恐高、有人晕血，大家会觉得这是小事，但是如果通过自己的努力可以直面这样的恐惧，那么将会使人一瞬间成长。如果战胜了这些小的恐惧，那么在你的人生之中无论什么样的恐惧都将会一一被征服。

在恐惧面前，你应该正视自己、沉着面对，这才是人生。成功路上会有无数的荆棘，若是你连闯过去的勇气都没有，不要说成功了，前进都不可能。真正的强者从来都不是天生就拥有超凡能力的人，他们无一例外拥有百折不挠的毅力和勇气。如果不想做一个懦弱的人，就勇敢地面对将要经历的一切吧！

10. 世界上的鸡汤太多，却没人能告诉你怎么绝处逢生

鲁迅先生说："世界上本来没有路，走的人多了，便成了路。"我们何不去做第一个走过荆棘的人呢？

英国文艺复兴时期伟大的剧作家和诗人莎士比亚曾经说过："美德是勇敢的，为善者永远无所畏惧。"不管我们在以后追逐梦想的过程中，发现生活多么残酷，也要积极面对生活，正确对待生活中的每一天。

无论前方道路充满荆棘还是鲜花，无论最终的结局如何，我们都要学会用新的视角看待问题。在分析问题之后，还要努力去争取生命中属于我们的东西。

我们都要好好地对待生活。未来是未知的，我们所要做的就是做好自己。不管生命给我们的是坎坷还是快乐，不管前方的道路上是荆棘还是鲜花，我们都要勇敢坚强地走下去。

一对残疾夫妻在一起十多年了。她脑部受过伤，走起路来有点跛；他四肢健全，高大帅气，眼睛却看不见。他是她的腿，她是他的眼，他们相持迈过坎坷，一起渡过难关。也许命运对他们是不公平的，但是他们始终

没有低头。

1977年牡丹江市林口县城的马家，出生了一个漂亮的女孩，眼睛大大的，两只眼睛黑葡萄般动人，大人一逗，女孩就咯咯地笑，很是讨人喜欢。父母把女儿视为掌上明珠，给她取名为天风。讲起天风小时候的事，母亲唐旭荣眼里满是爱意，那时候，单位很忙，但是一回家看到女儿，就什么烦恼都没了。

可是，就在小天风8岁那年，一个意外让她的脑袋受到严重损伤，留下了后遗症，只能拄着拐杖走路，而且吐字不清，还流口水，衣服的前襟上总是戴着围嘴。每天，小天风都得忍着痛去针灸、吃药，疼了就哭，闹脾气的时候她就摔东西。

日子一天天地过去了，小天风脑部的伤势开始慢慢康复，靠着自己的努力，她终于吐字清晰，不再流口水了。不仅如此，靠着自己顽强的毅力，也可以自理生活和歪歪斜斜地走路了。10岁的时候，她嚷着要上学，被好心的老师留下了。

上学第一天的一大早，天风背着书包高高兴兴地往半公里外的学校走，这半公里她走了一个多小时。在对学习的坚持和勤奋追索下，她期末取得了优秀的成绩，并在妈妈的鼓励下学会了骑自行车，她的心里也树立起了一个坚强的信念："我并不比别人差，我一定可以！"

19岁那年，天风去安达市涵复盲人学校学起了按摩的理论课，全班19名学生，她的成绩最好。也就是在这里，天风遇见了她今生的缘分。

齐春辉，安达市涵复盲人按摩学校的学生会主席，一个天生的盲人。他比马天风年长7岁，和天风成为同学后，每次从家里回来，他都会给天风带点小零食。齐春辉如果上街买东西，就让天风给他领路，回来后给天风打水洗衣服，两个人在互相帮助中暗生情愫。

之后两人又一同考上了残疾人大学，两个年轻人水到渠成，在大家的祝福里在一起了。

毕业后，两个人一起来到大连，租了一间不到18平方米的平房，婚礼办得简简单单。婚后，他们开始了甜蜜而又艰辛的生活。齐春辉在一家诊所实习，她就在浴池给人按摩。2001年，两个人有了自己的诊所，由于他们善于经营，再加上与人为善，来诊所的顾客越来越多，他们又开了新的诊所……

如今，他们的生活越过越好，不仅买了房子，还有了一个健康可爱的孩子。苦难过后，幸福终于来敲门了。

当我们遇到坎坷时，总觉得天空布满了阴霾，但是阳光总会在风雨之后洒向人间，人们总会看见那蔚蓝的天空，幸福终究会来敲门。

不管以后人生会有怎样的结果，至少追求幸福的过程是美丽的。曾经的我们行动过，努力过，知道这条路不适合我们，就另辟蹊径，找寻属于自己的最完美的人生之路。我们每一个人的人生之路，都不可能一帆风顺，也不可能会一路平坦。所以不管好与坏，都要学会坦然接受。

当我们在人生的道路上遭遇痛苦的时候，记得多对自己微笑，记得告诉自己要坚强，你不怕困难，困难就怕你。生活中的我们就应该多一份坚强的信念，多一点对生活独到的眼光，相信在历经荆棘之后必然能拥有更加绚烂的人生，我相信生活中“柳暗花明”的时刻终会到来。

每一条通往未来的路都会有欢乐和痛苦，每一条通往成功的路都会布满荆棘和鲜花，但无所谓前方是什么，只要自己有一颗勇敢的心，就能克服前方的一切困难，不被生活打倒。

尼采曾说：“受苦的人都没有悲观的权利。”对于我们来说，遇到困难或是挫折的时候，必须要学会克服困难，因为没有人比你更能帮助自己了。生活就要无所畏惧，不害怕眼前的难关，不计较细微处的得失，学会坦然面对一切是非。对于人生，我们要无所畏惧，勇敢生活。

就算前方是无人走过的荆棘荒野，只要下定决心，与困难面对面，硬生生踩出一条路，就是成功。

11. 不敢打破规则，再努力都是原地踏步

有梦想就要去追寻，敢于尝试才会发现新的天地，别等到时光不在才惋惜当时没有勇气。

其实，什么都需要尝试，人生就是一种尝试，不一一试过，怎么知道喜不喜欢，怎么找到自己未来的方向？又怎么走出迷茫？

面对难得的机遇，勇敢去尝试吧！只要你勇于尝试，不仅会获得鲜花与掌声，还会发现自己的运气也变得越来越好。在机遇到来之际，哪怕你只有一分的把握，也应该大胆去尝试！

在比利时首都布鲁塞尔东郊，有一个远近闻名的哈罗啤酒厂，这个啤酒厂几乎承包了这一地区的绝大部分市场，其他啤酒厂商想要打开这里的市场是非常困难的。于是，困惑的啤酒厂商们就跑到哈罗啤酒厂求取经验。只是，这些人发现哈罗啤酒厂不管在厂房建设上，还是生产设备上都没有什么特别之处。实际上，哈罗啤酒的销量之所以这么好，多亏了一个名叫林达的优秀销售总监，由他策划的啤酒文化节曾经一度风靡整个欧洲。

当时，不满 25 岁的林达刚刚来到哈罗啤酒厂工作的时候，他就看上了

啤酒厂里一个相貌出众的女孩子，只是，当林达向那个女孩表白时，那个女孩却冷漠地对他说："你只是个最普通的员工，我是不会看上你的。"从那之后，林达为了证明自己，下定决心做一些不平凡的大事。

那个时候，哈罗啤酒厂的市场份额逐年下滑，原因是啤酒没有好的销售渠道，更没有多余的钱在电视或报纸上打广告。林达作为哈罗啤酒厂一名普通的销售员，曾多次建议厂长挪出一部分钱去电视台打广告，然而无一例外被厂长严词拒绝。这个时候，林达下定决心做一些大胆的事情，那就是贷款把该啤酒厂的销售工作承包了下来。

林达承包了哈罗啤酒厂的销售工作后，就为如何省钱做广告而苦思冥想。有一天，当他走在布鲁塞尔市中心广场上时，广场中心撒尿男孩的铜塑像让他受到启发。他心里想道："当年，据说小男孩用自己的一泡尿浇灭了侵略者想要炸毁城池的导火线，挽救了这座城市。那我也可以利用这个撒尿男孩的铜像做一件超乎人们想象的事情。"

说干就干，第二天，途经布鲁塞尔市中心广场的民众突然发现，广场喷泉里的水变成了色泽金黄、泛着泡沫的哈罗啤酒，一旁还竖立着大广告牌子，上面写着"哈罗啤酒，免费品尝"的广告语。如此有意思的事情，引得大家奔走相告，一时间，几乎整个城市的人都拿着家里的茶壶、杯子排着长队去接哈罗啤酒饮用。这件事再加上电视台、报纸以及广播电台争相报道，进一步扩大了影响力。哈罗啤酒瞬间成名，销售份额直线上升。哈罗啤酒厂厂长进行年底核算的时候，发现一年的销售量是上一年的整整18倍，林达也从一个普通的销售员成了著名的销售专家，真正跻身成功人士的行列。

英国著名的文学家莎士比亚曾经说过："本来无望的事，大胆尝试，往往能成功。”事实也是如此，我们只有敢于探索、敢于尝试、敢于打破规则，才能突破自己，成为传奇。

当困难来临时，我们并非没有能力去解决，而是缺乏克服困难的勇气与决心。事实上，只要你勇敢地去尝试，成功的大门就会为你打开。

很久以前，在古希腊有一位国王，当他年老的时候，就想从自己的三个儿子中选择一位继承自己的王位。为此，他特意为三个儿子安排了一场测试。

首先，他命令一位自己信赖的臣子在一条两面临水的道路上放一块巨大的石头。不管是谁想要从这条大道上走过去，都必须面对这块巨石。而摆在他们面前的只有三条路：第一，从水路绕过去，但是太过浪费时间；第二，从巨石上爬过，但是这块巨石太过光滑；第三，用力将巨石推开，可这又需要非比寻常的力气。

国王把三个儿子叫到自己面前，让他们每一个人都从那条大道上通过，并且吩咐大臣记录下三个儿子如何通过的过程。最后，三个人完成任务归来。国王问道：“那块巨石摆在那条两面临水的路上，你们是怎么通过的呢？”

大王子回答道：“我是走水路，划船过去的。”

二王子回答道：“我是依靠自己的力量凫水过去的。”

小王子回答道：“我是直接从大道上跑过去的。”

大王子和二王子听到小王子这么说，不禁好奇地问道：“不可能吧，我们不相你能从巨石上爬过去或者推开巨石走过去。”

小王子诚恳地说：“我只不过用手一推，巨石就滚到河里去了。”

国王微笑着问道：“我的孩子，你是如何想到用手去推巨石的？”

小王子认真地回答说：“我只是想要去尝试一下，哪里知道我根本没有用力，巨石就被我推下去了。”

原来，那块巨石是国王与自己的心腹臣子用非常轻的材料伪装成的。国王决定让自己的小儿子继承自己的王位，因为他在面对困难的时候勇于尝试。

人生有时就是一种偶然，或许你遇见了从不曾想过的人，或者一辈子做着自己不曾想过的职业。这既是命运的安排，也是人的抉择。当我们茫然不知所措的时候，与其停在原地苦恼，不如选择去尝试，对于年轻的我们来说，未知的世界很广阔，既然我们还有可以挥霍的大好时光，为什么不去探索一番?

不要将自己的未来局限在一个角落里,多尝试,才能找到最适合的事业，才能遇到最理想的人。没有什么事情可以阻碍青春的脚步，可以断送你未来的旅途，只有试过，才有机会让自己的青春光芒绽放。

12. 成功，从不背叛每一个热爱工作的人

一个人的魅力，不在于他的外貌、地位、财富或炫目的生活，更是遇到困难无所畏惧的坚持、面对诱惑极尽轻蔑的漠视、发现阴暗不加思索的抵制，那是每个人内心中拥有赤诚的信念。

每一个事业上成功或是在笑的人，都经历过不为人知的苦楚。

在许多男孩子的心目中，成龙是他们的偶像。他在多部电影中的精彩演出，他的执着敬业精神，他个人成长、成功的奋斗史，都给人们留下了极深的印象。而为此他又付出了多少艰辛的努力呢？

成龙的电影之路并不是一帆风顺的。以前拍武打电影的时候，由于技术原因，很少使用替身演员，为了完成一个精彩而危险的动作，演员往往要冒很大的风险。

在成龙三十多年的电影生涯中，单是伤势严重的就超过20次。在拍《龙兄虎弟》的时候，成龙就受了非常严重的伤。

那部电影是在南斯拉夫拍的。在拍摄的前两天，成龙突然被邀去日本做宣传，赶回南斯拉夫拍戏前的两天时间都是在飞机上睡的，所以体力下

降得极为严重。等他赶回南斯拉夫的宾馆时，已是凌晨 4 点。他一到就和当时担任制片的曾志伟沟通，商讨白天拍摄的细节问题。

影片中有这样一个场景：成龙在一帮土著人的逼迫下，逃到堡垒的墙上，在前后都退无可退的情况下，他纵身一跃跳过一棵树，之后跳到悬崖边上。

在拍摄现场，由于成龙的体力下降得厉害，他从城墙上飞身跳过去后，两只手抓住树枝荡了起来，根本抵不住下坠的力度。只听见“唰”的一声，成龙从树枝中重重摔了下来，恰巧头部磕在了一个石墩上。当时就血流如注，昏迷不醒！站在一旁的工作人员立刻把成龙送到了南斯拉夫的医院。

到医院做完检查后，医生们发现成龙左耳部位的头骨呈凹陷状，而且碎骨随气压向内移，时刻威胁着脑组织。成龙几乎处于生死的边缘！

医生们想要为成龙做手术。他们声称，有一块小石头卡进了成龙的脑袋里，若不开刀拿出来，他之后就会经常听到“呱啦呱啦”的声音。可是，如果要进行手术，就会影响到他的大脑神经，并且，取出成龙脑子里的小石头后，医生还要放些医用填充物，只有等伤完全好了之后，才能把填充物重新取出来。

当时的情况十分紧急。怎么办？是一直忍受“呱啦呱啦”的小声音，还是重回片场继续开工拍摄？成龙不得不做出选择！

为了不耽搁影片拍摄的进度，成龙毅然决定不做手术，只让医生给他做了简单的包扎，短暂休息后，就回到了片场。所以直到现在，成龙的耳朵有时还是听不太清楚。

1986 年，三十出头的成龙还没有像今天这样的名气。可正是靠着这样近乎玩命的拼搏精神，轻伤不下火线，成龙在香港电影界日渐站稳了脚跟，找他拍戏的人也越来越多，一个个影视界的大奖也随之而来。迄今为止，

成龙已经参演了近百部电影，在为我们上演一场又一场视觉盛宴的同时，也将他对待事业和生活的拼搏精神传播到了世界的每一个角落。

真正的强者，一定会有非常坚定的信念，他不会轻易被生活中的苦难打倒，反之，他还会在苦难中涅槃重生，让自己焕发更强盛的生命力，更好地完成自己的梦想。

俗话说“流血流汗不流泪”“天上不会掉馅饼”，每个人的成功都要靠顽强的拼搏来获取。要想在考试中取得第一，就要在平时比别人付出更多的努力；要想在运动场上领先于其他选手，第一个冲过终点，就要加倍刻苦训练。没有付出，就没有回报。一点苦都吃不了的人，自然也就无法品尝到收获硕果时的激动。

年轻，只能作为你为未来奋斗的资本，而不能当成你堕落的借口。如果你想要奢侈的梦想，你就要去付出从未想过的努力。只要你想做成一件事，全世界都会帮助你去完成这件事。有人说：“越努力，越幸运。”这绝对不是一句心灵鸡汤，而是一句再实在不过的话。

如果，你的人生陷入低谷，不需要刻意去逃避，只需要沉寂自己，该吃饭时吃饭，该睡觉时睡觉。你还要保持健康的体魄；当你被人误解或难过的时候，找一个知心好友闲聊，不要向你的朋友抱怨或发牢骚，不妨回忆过去曾发生过的美好故事，回忆过去美好的时光；当你寂寞无聊时，多看看有用的书籍，而不是逃避现实的网文，这有助于增长你的见闻，从名人的苦难经历中汲取养分；闲来无事，不如整理一下杂乱的衣橱或者打扫一下灰尘，当你做完一堆家务时，你会发现，自己原本不知所谓的精神获得了满足。

我们每个人都会有自己的烦恼，或者因为考试失利无法向父母交代；

或者因为突然发胖的体质惹人非议；或者因为贫穷买不起奢侈品；或者因为外貌不好，找不到好对象；等等。可是，那又怎么样呢？尽管我们苦恼，不是也一天天地坚持下来了吗？当然，这些小烦恼都是能够经过自己的努力而改变的，如果你自己足够优秀，这一切的烦恼定不会存在。

总有一天，你能让自己的成就配得上你所遭受的苦难。

13. 哀莫大于心死，在艰难中，给自己一点希望

生活中难免有痛苦和失落，但是我们不能总是用悲观的心态来对待生活，在艰难中给自己一点儿希望，笑一笑，再苦也能坚持下去。

人生需要乐观，面前的低谷或许并没有我们想象的那样可怕，可怕的是我们陶醉在了这种痛苦里，渐渐习惯。当挫折和痛苦来临的时候，笑一笑吧！我们还年轻，我们正值青春，没有过不去的坎儿，没有等不到的人，一切都会过去，人生没有盼不到的春天。得志时不忘乎所以，失意时要淡然以对。

世界就是这样，希望与失望同在，美好与丑陋并存，我们要学会生活在顺境下，也要学会生活在逆境里。漫长的人生旅途，没有谁能够一路顺风顺水，永远春风得意，也没有谁总是喝凉水都塞牙，一直没有出头之日。得志和失意总是相伴于我们的生命旅程中，得意与失意也会交替出现。

不管是得志之时，还是失意之时，我们都不必太过激动。得则喜不自胜，失则垂头丧气，这都是不够成熟的表现。只有把心放平，才会有一个踏实的心境，才能在得志时不忘乎所以，在失意时淡然以对。

一头大象和一只小老鼠相遇了。看到如此渺小的老鼠，大象不屑一顾地甩甩鼻子，鄙夷地对小老鼠说：“小东西，你居然敢来冒犯我，胆子不小啊！”

听大象这样说，小老鼠非但没有慌张，反而心生一计。它对大象说：“尊敬的大象先生，您长得如此高大威猛，真是让人羡慕，看着你那又长又直的鼻子，我真想摸一下。我可以摸一下吗？”

高傲的大象最喜欢听这种恭维的话了，听小老鼠这么说，它很是得意，心里想：没想到这只小老鼠还是很有眼光的。得意之下，大象伸出了自己的长鼻子。小老鼠则顺势爬到了大象的身上。

让大象没想到的是，小老鼠可不仅仅是摸摸它那么简单，它使出了浑身解数折磨大象：一会儿跳到大象的脖子上挠来挠去，一会儿又在大象的耳朵旁边左拉右拽。为了摆脱它，大象只得一个劲地甩着长鼻子，试图把小老鼠给赶下来，可是小老鼠的动作灵活，大象显然不是小老鼠的对手。

才一会儿的工夫，大象就累得气喘吁吁，最后，大象终于道歉投降了。

“四两拨千斤”没想到真的应验了，这是不是大象得意忘形惹的祸呢？

我们的人生是有鲜明阶段性的，我们无法保证哪一天会有伤心失落的时候，但这并不意味着我们的人生是失败的，这不过是一段经历而已。就像各种竞技比赛一样，没有常胜的队伍，即使输掉一些比赛，只要团结、友爱，这支球队就是一支优秀的球队，一两次失败并不能否定它的成绩。

人生也是一样，即便有时失意，也不会全然无望。即便对于生活来说，我们只是一只小老鼠，也能努力活出精彩的人生。

人生三分天注定，七分靠打拼，既然生活为我们预留了七分的空间，那么为何不去挥洒一番呢？无论得意还是失意，都仅仅只是一种人生而已，不必刻意地去浮夸，也无须多余地去掩饰，生活的棱角有它自己的方圆之道。纵使我们面临窘境、困境，受到了伤害，只要我们相信时间，相信人生和自己，伤口总有一天会痊愈。

生命，有起有落、有悲有喜，起伏不定，但是太阳却依然照亮大地，月亮仍然美丽，星星依旧动人……而生命，依然会有更美丽的色彩，亟待我们去开发，明天总是美好的，只要在艰难中咬紧牙关，我们就能够在痛苦中盼来新的朝阳。

14. 要么放弃梦想，要么让自己变强

优胜劣汰是自然界最基本的生存法则，在社会生活当中也是如此。那些经历了风雨洗礼还没有倒下的人才能赢得更多的优势和生存空间；而经受不住考验从此碌碌而行的人也许就再也没有翻身的机会了。

在竞争激烈的时代，谁是最容易被淘汰的人？谁是这个社会中生存能力最弱的人？事实上，最容易被社会淘汰的并不是那些生活条件差的人，也不是那些处于社会最底层的人，而是那些缺乏社会经验，却成天自命不凡的人，那些没有经历过波折，没有遭遇过挫折和打击的人。这种人一般出自父母极端溺爱的家庭环境中，由于父母担心他们会受到伤害、担心他们会遇到困难，因此事事亲力亲为，帮孩子打点好一切，可是当孩子们长大进入社会之后，就会发现刚从“温室”里走出来的自己，在残酷、激烈的竞争环境中连吃饭、睡觉都成问题，手忙脚乱、茫然失措。

在“温室”里长大的人通常都缺乏独立意识和自我保护能力，也没有能力去抵抗社会的伤害，没有能力为自己赢得更多的生存机会和发展机会。这样的人没有尝过失败的滋味，也不知道何为挫折，越是这样的人，将来

越是容易遭受失败和挫折，而且他们一旦遭遇挫折往往会变得毫无抵抗力，从此一蹶不振。

这就像是养在笼中的鸟一样，它们从来没有经历过风吹雨打、没有经历过弱肉强食的残酷竞争、没有遭遇过生存危机，已经失去了生存能力和承受能力，它们没有办法适应外面的世界，一旦飞出笼子，失去了庇护，很快就会饿死。所以看一个人是否有能力，是否能够在激烈的生存环境中从容地活下去并且获得发展。并不是看他家里父母给的条件多么优越，而是看他经历了什么样的挫折，因为挫折才是锻炼意志、提升抗压能力、适应能力和生存技能的关键。

毕业于西点军校的罗斯曾经回忆自己的学校生涯，他说自己原本是小镇上的天才，自认为很优秀，可是当他进入西点军校之后，却备受打击，那时候，他才意识到自己其实什么也不是，自己的能力也根本没有办法和别人相比。

实际上，作为家乡的“天之骄子”，罗斯一直以来都不服气任何人，因为他觉得自己就是最棒的，可是在进入西点军校的第一学期，他的成绩却只排在班级的最后几名，更要命的是在每次的训练和考核当中，他的表现总是不尽如人意。这让他觉得很悲伤，也很受挫折，但是经过一段时间的学习，他决定坚持下去，毕竟他不希望就此放弃，或者被学校扫地出门，到时候没有脸面回家去见父母不说，也对不起自己以前的自命不凡。

正是因为挫折的打击和伤害，罗斯变得更加成熟，也渐渐意识到自己迫切需要提升能力，弥补缺陷，否则就真的有可能被淘汰掉。罗斯开始了艰苦而漫长的自我完善之旅。他每天早上都要比其他学员早起半个小时，在其他学员开始做早课的时候，他已经在训练场上锻炼了半个小时。不仅如此他还认真听课，努力提高自己的文化知识，平时休息的时候也书不离手。因为他时刻告诉自己不能失败，自己一直处于被淘汰的边缘，所以他不得不加倍付出。

经过努力，在第二学年考核时，罗斯有了很大进步，已经爬到了中上游的水平。到了毕业的时候，他的总成绩竟然排到了整个学校的第三名，而且他也顺利进入了梦寐以求的海军陆战队，开始了新的人生旅程。提起自己的进步和成就，罗斯感慨万千，他觉得正是因为自己经历了不顺和挫折，才会拥有强大的力量和更加强大的生存能力与竞争优势，才不至于被时代淘汰出局。

其实和罗斯一样，很多西点军校的入学新生都有过类似经历，这些学生在自己的家乡都是顶尖人才，是人人称赞的好学生，很少遭遇失败和挫折，因此对于家乡之外的世界缺乏足够的了解。而西点军校就是一个大炼炉，可以让学员们经受来自外界严酷的洗礼和考验，它严格的军事化训练也是消磨学员锐气的好方法，能够让学员变得更加强大，从而提高生存能力和竞争能力。

很多人都在抱怨生活的不公平，都觉得别人比自己更加幸运、更加幸福，觉得自己经常遭受的磨难和挫折，是生活对自己的惩罚。可事实上，当你慢慢成长，就会发现这些挫折其实提高了自己的能力、锻炼了自己的意志，强化了自己的内心，它使你更加懂得如何去把握机会、如何去适应生活、如何去克服困难并争取到生存的机会。换句话说，正是因为你所经历的挫折要比其他人多，你的能力才会比其他人更加强大。

一位年仅7岁的古巴小男孩每天风雨无阻地为自己在煤矿上做工的父亲送去一日三餐，他每送一趟，来回大概需要30分钟，所以，他每天都需要在路上行走至少一个小时。

小男孩每次为父亲送饭的时候，都会路过一座田径场。据说，那座田径场作为国家训练中心场地，他每天都能看到里面有许许多多与他同样年纪的孩子在跑道上训练。小男孩知道，那些人是把参加奥运会作为终极目标来刻苦训练的。

这个孩子也很想成为那些人中的一员，可是，因为家境不好，他甚至上不起学。小男孩每天最开心的时刻就是在送饭的空闲时间扒在场边的铁丝墙外向里面张望，看到热闹非凡的竞争场面时，他也会跟着激动地大叫。当然，因为保卫人员总是来外面巡视，他为了不被发现，只好藏身在赛场边一小片苹果树林里。

有一次，当他拿着饭盒回到家里的时候，他苦苦哀求自己的母亲，请求母亲能够送他去上学，因为他想到那座操场训练，他渴望热闹喧嚣的竞技场，渴望运动。母亲无可奈何地对他说："我可怜的孩子，不是我不愿意送你去学校念书，只是你的父亲每天辛勤劳动，也仅仅勉强能够维持我们一家人不会饿死。你知道我们家里很穷，如果你真的喜欢运动，我建议你选择跑步，你可以每天计算你给父亲送饭的时间，假如有一天你可以用最短的时间到达煤矿，这就表明你已经成功了。"

小男孩懂事地听从了母亲的建议，他开始在送饭的路上用力奔跑，只是，每当他经过那个训练场的时候，还是会忍不住停下脚步，扒在场边铁丝墙外向里张望一会儿，直到父亲用餐的时间快要到了，才恋恋不舍地离开。

秋天，那片小男孩用来藏身的苹果树林结了累累果实，只是，训练场边的许多苹果在还没有成熟的时候就已经被路过的行人摘得七零八落，最后只剩下几枚垂在铁丝墙内的苹果还在正常生长。

当苹果成熟时，他原本想要摘几个墙内的苹果带给母亲尝尝。只是，当他寻找苹果的时候，惊喜地发现院墙的外面还挂着一枚长得不太好看的苹果，他伸手将这枚长相“丑陋”的苹果摘了下来，咬下一口，感觉口齿生津，于是，体格灵活的他跳进墙里面，把那棵苹果树上结的所有果实全部摘下带回了家。

母亲感动地拿了一个苹果咬了一口，可是，他从母亲的表情中发现了一丝异样，于是紧张地询问母亲：“很难吃吗？我吃了一颗看起来‘丑陋’的苹果，挺香甜的呀！”母亲温和地说道：“不是你想的那样，我感觉挺甜的。”

到了夜晚，小男孩忍不住拿起苹果吃了一口，酸涩得无法下咽，他想不明白为什么墙外结的苹果竟然比墙内的苹果要甜。于是，他去问了母亲。

母亲温柔地看着儿子，语重心长地向他解释道：“墙外的苹果之所以比墙内的苹果甜，是因为墙外的苹果经历了更多困难的缘故。墙外的苹果不仅经历更多的风雨冲击，还要承受路人的肆意毁坏，久而久之，墙外的苹果被打磨出了更香甜的果肉。”

听完母亲的这番话，小男孩坐在地上思考起来。

从那以后，小男孩再也没有贪恋过墙内那些训练的身影，他开始每天有意识地坚持跑步锻炼。在坚持了整整 8 年之后，他终于奔跑到了国际最高规格的赛场——奥运会。在第 29 届北京奥运会 110 米栏比赛中，他打破了飞人刘翔创下的纪录，以 12 秒 93 的成绩轻松夺冠。这孩子就是古巴飞人——罗伯斯。

墙外的苹果总是比墙内的甜，因为它经受住了更多风雨和磨难。它的个头可以卑微，外形可以丑陋，但只要挺过去，到了成熟的季节，就一定可以成为最香甜可口的人间鲜果。

做人有时候就像植物一样，如果生长在风调雨顺、阳光和煦、气候条件优良的地方，那么它们的根系就不会太发达，也经受不住太大的风雨。但是对于生长在沙漠中的植物来说，由于气候环境非常恶劣，经常要遭受风沙的侵袭，它们不得不将根系延伸到很深很广的地方，也正因此，它们的生命力非常旺盛，哪怕几个月没有下雨，也能够安然地存活下来。

如果你想要获得更大的生存机会，想要获得更大的社会竞争力，就不要放弃梦想，就应该懂得去赞美挫折、去感恩挫折，因为唯有挫折才能磨砺出你的锋芒和强大。

第三章

缺憾：人生不完美才美

15. 不圆满，是生活赋予我们最好的礼物

若没有苦难，我们会骄傲；没有挫折，成功不再有喜悦；没有沧桑，我们不会有同情心。因此，不要幻想生活圆满，生活的四季不可能只有春天。

每个人都喜欢美好的事物，富丽堂皇的建筑、优美别致的园林、造型奇特的雕像以及精美绝伦的壁画、苍劲俊秀的书法、妙笔生花的文章，当然还有精彩的人生、幸福的生活和美好的梦想，这些都是我们向往和追求的。

那些美妙的景色，哪一个不是能工巧匠耗尽毕生心血，一点一点雕琢打磨出来的？那些展现在我们面前的画面，哪一个不是艺术家苦心经营，一笔一笔填上色彩的？我们所向往和追求的这些美好人生，哪一个不是靠我们一步一步、坚持不懈的努力换来的？玉不琢不成器，木不雕不成器，贝母不经历一番痛苦的磨砺，怎能孕育珍珠璀璨的光华？

这是每一个人应该懂得的道理：不吃苦中苦，难为人上人。“吃点苦好啊！”有很多人还是不明白，当我们被生活折磨得叫苦不迭，向家人倾诉时，父母这样答复的原因。诚然，天下的父母希望子女都能幸福快乐，但这种希望是建立在吃点苦的基础之上的，他们用一辈子的经验告诉我们，

只有吃苦、只有经过磨砺，人才会成长，才能担负起更重的责任。

一块形状不规则的石子，除非是放在一块角度很大的木板上，才能滚动，但其方向却是无法预测的，它的方向完全取决于它自身的形状。但如果我们把它的棱角磨去，它就会滚得平稳；我们再磨一磨，使它变得圆润，它就会滚得更加顺畅；当我们再磨，把木板的坡度降到最低，它仍会畅通无阻地滚动，而且是按照我们预定的方向滚动。

石子就是我们自己，不经历苦难的磨砺，如何使自己变得成熟稳重，从容淡定呢？苦难，可以增强我们面对前路的勇气，可以塑造我们从容淡定的心性，可以增进我们的人生经验，可以对比出幸福快乐的来之不易和宝贵之处。

1864年9月3日，一连串震耳欲聋的巨响在安静的斯德哥尔摩市郊响起，浓重的黑烟直冲天空，浓烟之后，一股火焰霎时蹿上天空。几分钟的时间，一场惨祸就降临到这个寂静的城市。当被这一状况吓呆的人们赶到爆炸现场时，只见原来屹立在这里的一座工厂已经被强烈的爆炸摧毁了，烈火将一切都燃烧殆尽。一个30多岁的年轻人被这一惨状吓得面无血色，浑身战栗。这个年轻人就是著名化学家诺贝尔。

诺贝尔亲眼看着自己一手建立起来的硝化甘油炸药实验工厂在一眨眼的工夫化为灰烬。除此之外，还有5个鲜活的生命也葬身于这场灾难中。其中，有一人是他正读大学的弟弟，另外4个人是和他合作多年的助手和朋友。看着这5具烧得焦烂的尸体，诺贝尔痛不欲生。

得知小儿子惨死的噩耗之后，诺贝尔的母亲悲痛欲绝，年迈的父亲也因为受到强烈刺激而引发脑溢血，从此半身瘫痪。但是，这些苦难都没有令诺贝尔屈服，他依旧在继续自己的研究工作。对于诺贝尔而言，苦难并没有终止。爆炸惨案发生后，警察立即封锁了爆炸现场，并且严令禁止诺贝尔恢复工厂。人们像躲瘟神一样对他不加理睬，也没有人敢出租土地给他，让他进行危险性如此高的实验。

然而，这一连串的苦难并没有吓倒诺贝尔。几天以后，人们发现，一艘摆满了各种实验设备的平底驳船出现在郊区的马拉仑湖上，这艘驳船上有一个年轻人正在全神贯注地进行着一项化学实验。这个年轻人竟是诺贝尔！

诺贝尔面对令人胆战心惊的危险实验，并没有退缩，他也没有和他的驳船一起葬身马拉仑湖。在经过多次试验之后，他终于发明了雷管。雷管的发明推动了爆炸物理学的进一步研究。在这之后，一间间炸药制造公司被诺贝尔在德国汉堡等地建立起来。

一时之间，诺贝尔生产的炸药供不应求，来自世界各地的订货单纷至沓来，诺贝尔的财富与日俱增。

但是，苦难并没有离诺贝尔而去。

坏消息一个接一个地传来：在旧金山，因为震荡，运载炸药的火车随炸药一起被炸飞，毁得七零八落；因为在搬运硝化甘油时发生了碰撞，德国一家著名工厂瞬间爆炸，使得工厂和附近的居民住房变成了一片废墟；因为颠簸引起爆炸，一艘满载着硝化甘油的巴拿马轮船，在驶向大西洋的途中，永远睡在了海底，船上的水手也都全部葬身大海……

但这些并没有打败诺贝尔，诺贝尔用他的毅力和恒心，战胜了一个又一个挑战。在他与苦难的搏击过程中，一共获得了355项发明专利。他还用自己的巨额财富，设立了诺贝尔科学基金，支持后人的科学研究。诺贝尔奖也被全世界视为一种至高无上的奖项。

人的一生就像是在海上行驶的船，总会遇上或大或小的波浪，是选择不畏艰难继续前行，还是被波浪给吓倒，踟蹰不前？人生路上，不可能永远都风平浪静，人们只有选择在风浪中勇往直前，在风浪中积累经验，等到暴风雨来临时，才能更好地应对苦难。只有这样，才能将生命之船驶向更远的地方。其实苦难是只纸老虎，看似可怕，但只要勇敢地去挑战，就一定能够得胜。苦难是狂风暴雨，只能维持一段时间，人们只要坚持住，就能迎来艳丽的阳光，到达幸福的彼岸。

体味四季更迭带来的欢畅和艰难，没有谁能够随随便便成功，长在温室中的小花永远不能享受阳光、风雨的魅力。

16. 事与愿违，能让成功提前到来的绝佳法宝

生活是千变万化的，悲欢离合、生老病死、天灾人祸、喜怒哀乐乃人之常情。“事与愿违”不可怕，从容面对才能无所畏惧。

不管你此时面临怎样的境遇，都走的是既定的运行轨道。当然，我们最好把自己的人生与这正常运行的轨道进行完美契合。

“今天我一旦失业，明天我该如何去生活？”

“今天我一旦失恋，需要多长时间才能消化这种痛苦？”

“今天我一旦失去至亲，以后我该如何面对着阴阳相隔的疼痛？”

“今天我一旦一无所有，该如何面对惨淡至极的人生？”

“今天我一旦失去了健康，又该如何度过余生？”

以上种种问题，我们可能都想过或经历过，面对不能预测的变数和痛苦，我们或者烦躁不安，或者郁郁寡欢。每当遇到以上问题时，总会以为自己撑不下去，或者活不过明天，然而，我们还是咬牙坚强地度过惨淡的“今天”，还能够感受到明天的温暖阳光。

实际上，当我们以为自己的人生从此陷入无边的痛苦或黑暗时，世界

上还同时存在着快乐和温暖；当我们以为自己已经痛得不能呼吸，再也不会看到希望的时候，我们可能会从一朵花儿身上嗅到希望的芬芳。心境的变化，直接导致我们是否能快乐地生活。如果我们总是将自己的心门关闭，拒绝温暖阳光的照拂，那么，我们的生活将会蒙上灰尘，再也无法感受到阳光雨露；如果我们选择打开心门，就会感受到阳光的温暖、雨露的滋润。

有这样一个小故事。

在英国，有一位老人乘船远行，没想到轮船在通过英吉利海峡的时候，突然遭遇暴风雨。一时间，轮船上的旅客被吓得惊声尖叫。而这位老人却只是跪在甲板上祷告。她的面容安详，未见半点惊恐之色。在风浪归于平静、船只平安脱险之后，朋友们非常奇怪地问老人："刚才的情况那么可怕，您为什么好像一点都不害怕呢？"

老人看看海面，笑着对朋友说："我有两个女儿，大女儿戴安娜已经离开人世，先我一步去了天堂；二女儿玛利亚就居住在英国。刚刚我就在祷告，我对上帝说：上帝呀，如果今天你要接我去天堂，明天我就可以去看我的大女儿戴安娜；如果今天你将我留在了船上，那么明天我就可以去看我的二女儿玛利亚。无论我今天遭遇了什么，明天的太阳依然会照常升起，只是我要以不同的方式与不同的人一起生活而已。既然如此，我为什么要害怕呢？"

这位老人，面对变数时从容自若，令人折服，更令人感叹。无论怎样，明天的太阳依然会照常升起。在世事面前，我们永远无法左右"事与愿违"，但生活依旧，人生照常在继续。此刻，所有哀怨、悲愤、恐慌、不甘等情绪发泄都无济于事。我们唯一能做的，就是从容接受变数，而后在变数中努力寻求新的突破。

一位成功女士在接受记者采访时这样说："在我22岁的时候。我的母亲因病去世了；在我30岁的时候，我的父亲因癌症去世；在我32岁的时候，我的老公有了外遇，和我离婚了；在我34岁时，我再婚，可是在35岁那一年，医生告诉我因为自己到了高危年龄，这一生都无法生育孩子了。父母早逝、婚姻破裂、孤独终老，这种种变数接二连三地给了我沉重的打击。可是我清醒地知道，对于这些根本无法挽救和弥补的变数，悲痛是于事无补的，绝望只会继续毁掉我的后半生，我应该活得更精彩。所以我开始全心打拼事业，一点点创立了自己的公司。现在，虽然事业有成，仍无法弥补我所不能得到的天伦之乐，但至少我的生命实现了它应有的价值。我只想对大家说：在任何情况之下，无论你遭遇了什么，生活仍旧要继续，而且它也仍旧存在着光明和美好，关键在于我们如何去将生活的另一面美好发掘出来。"

这位女士的话很朴实，却道出了人生的一大哲理：无论怎样，太阳都会照常升起；无论怎样，我们都必须将精彩的生活进行到底。

面对生活中的一些突发事件，一定要具备迎接明天和未来的勇气，这就要求我们时刻保持一颗镇定自若的心去迎接变数的到来。众所皆知，变数或意外总是在不经意间出现，人生中许许多多的苦难看似可怕，其实都只是"纸老虎"，只要我们足够坚强，那么，就应该无所畏惧。

17. 刘德华都得不到绝对公平，我们又奢求什么呢？

在一个多元化的世界里，我们仍然要满怀希望；在一个了无生气的世界里，仍然要敢于梦想。

这个世界上，随时都发生着不公平的事。刚刚毕业的大学生，最容易讲的一句话就是：这不公平。一直以来，对铁道部施行的站坐票同价问题，人们心底无不义愤填膺。原因只有一个：这不公平。才华横溢的编剧希望有一天拥有自己的“署名权”，可是时隔多年，仍是枪手一枚，他的心底一直藏着一句强烈的呐喊：这不公平！“美周郎”周公瑾在仰天长叹“既生瑜，何生亮”时，心中一定郁愤：老天你太不公平！追了很久的姑娘最后成了别人的新娘，晴天霹雳的你一定心存不满，因为这太不公平！

“老板，您为什么出差时总是带着巍薇，下次把我也带上吧！否则对我来说也太不公平了，我也应该有这样的机会。”叶燕终于找到一次机会，试着对老板说出了积藏在心中已久的话。

原来，事情是这样的：叶燕和巍薇，两人都是老板的助手。在不是很忙、不需要出差的时候，叶燕和巍薇所做的工作比较类似，都是帮助老板整理文件、打印文件，或是做做会议记录等。因为巍薇工作比较细心、认真，所以老板每次出差时总喜欢带着她。每当叶燕看到巍薇收拾东西准备和老板出差的时候，总是撇着嘴说："又要出去旅游了，为什么每次都是带着你，一次也没有带过我，这也太不公平了。"

老板听到她叶燕的抱怨后，微笑着对她说："你说得对，这样对你是不公平，所以，我决定下次带你去。"

于是，在下一次的出差中，老板果然带上了叶燕。这次是和一个大客户进行谈判。他们刚到相约的地点后，就开始马不停蹄地研究客户的资料和一些信息。这个时候，叶燕才知道原来出差并不是一件轻松的差事。

回到公司以后，几乎没有任何休息的时间，马上又开始上班。叶燕觉得自己累得都快散架了。这个时候，老板微笑着走过来对叶燕说："你做得不错，以后每次出差的时候，我都会带上你的。"闻听此言，叶燕差点没有昏过去。此时，她才彻底明白，原来一直说不公平的该是巍薇，而不是她。

没错，这个世界永远都不可能事事如你所愿，因为它本来就不公平！每个人生下来的起跑线就不同，有人抱怨上天没有给自己一个好爹；有人抱怨自己没有好的天赋，无论如何努力都只能望他人项背；还有的人抱怨"二八法则"，这世上80%的财富掌握在20%的人手上，这不公平！

但是当你看到有人天生没有脚，却能凭借自身天赋，超越众人成为励志英雄时；当你看到有人气宇轩昂、西装革履，裤腿中却装着一只假肢时；当你看到无论一个人多么贫穷或富有，在灾难面前却同样面对生死时，你会发现，这个世界其实还是很公平的。

说到公平我们最先想到的就是分配问题。如果地球上每个人每天都只能吃一碗米饭，那么我们不会有“每天只有一碗米饭吃，这不公平”的想法，但是，如果这其中的一些人每天有10碗米饭，还有冰激凌、燕窝鱼翅和点心吃，那样的话，我们就会认为这是不公平的，因为还有很多人饿着肚子呢。分配不均，就会不公平。再打个比方，假如这些吃一碗米饭的人，每天能享受安稳惬意的生活，而那些吃大鱼大肉的人，则要每天面临死亡的考验，那么我们也会说，这个世界是公平的。公不平公平还是要看每个人的得与失。

这个世界上从来都没有绝对的公平，若是绝对公平了，反而会是另一种不公平。无论你到这个世界的哪个地方，公平都永远不是绝对的。既然如此，我们又何必要抱怨不公平呢？我们应该敢于直面生活中的不公平，学会适应它，从而在不公平中创造公平，感受公平。

有这样两个人，他们一个八面玲珑，左右逢源；一个大隐于市，安于恬淡。他们并非敌人，也不是知心朋友。将近30年的光影生涯，成就了他们。

他们就是曾经的无线五虎中的两位——刘德华和梁朝伟。

既然是同行，就会有竞争。众所周知的一件事是，刘德华多次在颁奖典礼中与梁朝伟相遇，并且多次败在梁朝伟手上。虽然，从拍片总数上看，梁朝伟不能跟刘德华相提并论，但从获奖次数上看，梁朝伟显然高过刘德华。第四十届金马奖落选后，第四十一届金马奖颁奖典礼上，刘德华又勇敢地出现在颁奖礼上。他甚至打趣地说：“如果这次再输，就让评审内疚一下吧。”而这次，他终于摘得了金马奖影帝的桂冠。

现实给了刘德华太多的“不公平”。

最初拍摄《无间道》的时候，电影公司邀请刘德华、梁朝伟两人共同加盟，片酬都是700万，可谓一视同仁。但到了拍《无间道Ⅲ——终极无间》的时候，尽管两人的戏份相等，演技也不相上下，但由于此时的梁朝伟已经连续夺得金像、金马影帝，所以片酬一路飙升，远远超过了刘德华。这是不公平吗？这其实非常公平。付出过，赢得了官方和观众的一致认可，进而片酬飙升，这才是公平。

梁朝伟和刘德华都是非常有才华也非常努力的演员。在二选一的情况下，梁朝伟屡屡被选中只会是因为实力。在刘德华心里，难道就不会有一点点无奈？

刘德华虽然心有不甘，但他落败而不颓废。“我这次拿不到奖没关系，因为明年可以再来。”他没有气馁，而是继续发挥自己的优势和风格，最终在演艺道路上遍地开花，成为一代不老偶像。

这个世界上没有绝对的公平，真的勇士，敢于直面这种不公平，敢于直面惨淡的人生。因为他们相信，逃离是没有用的，学会如何面对不公平，要远比盲目地评价不公平，向不公平泄愤更重要。

当你面对那些不公平的、令人感到沮丧的人生时，你需要做的，不是去评价和辱骂它，而是找到一个自己能够忍受的不公平方式，快乐地活下去。

18. 穿越幽暗的山谷，才能体会身在山巅的愉悦

人生就是百味瓶，你不可能一路走来都含着蜜糖。生活的真谛便是有苦有甜，先苦再甜，吃甜忆苦才是不断交叉的两种人生状态。苦不尽，甘从哪来？

一首《阳光总在风雨后》鼓励了多少困境中的人，就像歌词中写的“阳光总在风雨后，乌云上有晴空”，风雨过后的阳光总是格外灿烂，经历困难后胜利的果实也会格外甜美。海伦·凯勒曾说过这样一句话：“在无比精彩的生命中，如果太一帆风顺，那我们将失去成功后自内心深处而来的无上喜悦。人只有穿越黑暗幽深的山谷，到达山顶看到阳光的时候才会欣喜若狂。”顺着前人铺就的山路，登上山顶时，能感受到喜悦；而自己另辟蹊径，攀上世界高峰时，就将体会到“世界都被我踩在脚下”的汹涌激情。攀登到顶峰的道路越难走，付出的汗水越多，能收获的东西也就越多。

小方的工作让人羡慕，弹性工作制，工资待遇也好。可是小方总是愁眉苦脸的，成天与闺蜜诉苦，很长一段时间之后，连闺蜜都烦了，干脆两个人约出来，一诉“愁肠”。

原来小方的工作环境虽然很好，但是她总觉得同事之间关系不好、新来的领导不赏识她等，一些琐碎的吐槽，让她觉得自己每天都特别痛苦。

闺蜜是个很开朗的人，听完她的话，带她来到了郊外还没建成的开发区，那里很多未完工的工地，尘土肆虐、热得像蒸笼。小方觉得很新奇，因为她家境很好，平时也很少注意路边的工地，只见在炎炎夏日里，工人们扛着水泥、钢筋，一身尘土，为了安全，还要扣一顶可笑的安全帽，汗水合着泥土顺着肌肉往下流淌。

闺蜜说：“你看这些人，岁数和我们父母差不多，却依然顶着夏日，为了生存而奔波，过着这么苦的日子，却连个像样的家都没奔出来。苦难每个人都会经历，你要是怕了、退缩了，人生才是真的了无希望了。”

小方看着那些被晒得黢黑的工人们，若有所思地点了点头。

“苦”与“甜”是相对的，只是经历了苦的人会更深切地感受到“甜”。肚子饿的时候，没有食物是“苦”，有一点吃的东西——哪怕只是一碗泡面，你也会觉得——这就是“甜”了；下班累了，搭上回家的公交，没有座位是“苦”，坐到靠窗户的座位迎面的清风拂去了一天的疲惫就是“甜”；哭得伤心时，还走路撞到电线杆是“苦”，身边有人贴心地递上纸巾是“甜”……

明白了这个道理，我们就可以更加坦然地面对磨难了。被痛苦包围的时候，别害怕，展望前方，只要你坚持到终点，就会有绚丽的彩虹和明媚的阳光等待着你。只要能克服眼前的困难，迎接自己的将是更加美好的生活。被甜蜜围绕的时候，回首过去，曾经经历过多少辛苦和磨难才换来今天傲人的成绩，对待得之不易的幸福，更要懂得珍惜。

风雨过后的阳光最灿烂，用平和的心态面对得与失；在品尝苦涩的失败之果时仍能面带微笑，用坚强的毅力换取最后的成功！在摘取成功的果实后，保持心中的坦然，不因为仅仅一次的成功而在拼搏的道路上止步，胜利只是让人能奋勇前进的动力。那些常人看来不堪回首的经历，只是人生道路上的一笔宝贵财富，因为这笔财富，我们学会了宽容和理解，学会了珍惜和感恩。

若没有曾经的“苦”，今天所尝到的“甜”又将是何等的寡淡无味？

聪明的人，懂得感恩；聪明的人，懂得欣赏。在经历风雨后欣赏温暖的阳光里别具一格的斑斓。

19. 没在深夜里痛哭过的，不叫人生

若想走出阴影，就面向阳光微笑；若想告别懦弱，就把委屈当历练。把委屈看得太重，会活得很辛苦。

委屈，是一种很容易产生的心情。当你心怀好意去做一些事情却被当作别有用心的时候，当别人把造成错误的原因强加于你的时候，当你把梦想当作事业，而别人却将你视为不务正业的时候，多数人都会心怀委屈，甚至是怨恨。

梁国有个叫宋就的人在一个边远的县当县令，这个边县的位置比较特殊，正好处在与楚国交界的地方。梁国的边亭和楚国的边亭都种瓜，因为梁亭的人比较勤劳，每天都有人施肥浇水，所以梁亭的瓜长得又大又好。而楚亭的人则截然相反，他们不爱劳动，对瓜疏于照顾，于是他们的瓜长得又小又难看。

楚国的县令看到梁亭的瓜长势很好，就非常恼怒自己田里的瓜长得不好，于是楚亭的人就想方设法地去破坏梁亭的瓜，梁亭的瓜遭到重创，几乎所有瓜的瓜藤都被糟蹋了。梁亭的人知道了这件事情后，都义愤填膺地跑去找宋就，希望得到县令的应允，来个以牙还牙。

宋就听完事情的经过之后摆摆手说："怎么可以这样干呢？这样只会让两国之间的恩怨越结越深。人家对我们不好，我们看不惯人家的行为，但是我们如果再仿效他们的行为进行恶意报复，那这不就是打自己的脸吗？这样只会闹得双方都不愉快。你们听我的，每天夜里轮流派人去偷偷给楚亭浇瓜，不要让他们知道。"按照县令的吩咐，梁亭的人每到夜里的时候就会去给楚国偷偷浇瓜。

时间一天一天地过去，楚亭的人发现瓜的长势越来越好，他们感到非常疑惑。为了解开这个谜团，楚亭的人就暗中调查此事，最后得知是梁亭的人干的，楚国的县令把这件事情反映给了楚王，楚王听说后感到非常惭愧。为了表达自己的歉意，他马上派人给梁王送去了厚礼，此后，两国边亭一直和睦相处。

故事中，宋就这样的胸怀的确令人感佩。面对委屈，他没有懊恼，更没有报复。可是反观现实生活中的我们，则常常弗如甚远：别人侵犯到我们的利益，我们会毫不犹豫地竖起自己坚硬的刺来进行反击。

追寻梦想的路，永远都不会是平坦的。为了实现梦想，一些误解和嘲笑是必须要经历的，随之而来的委屈与阵痛，则是必须要承受的。

明朝万历年间，内阁首辅张居正为了江山社稷，为了天下黎民，决定实行变法。

大明王朝到了万历登基之时，像是一个恶疾缠身的久病之人，要想让它重振雄风，最好的办法莫过于改革变法，除旧布新，给朝廷做一场彻底的大手术。

可新法令的推行，势必会有损于一些人的利益，所以，主持变法的张居正便被人怀恨在心。一时间骂声从四面八方向张居正涌来。

张居正一心为国为民，却落得千夫所指的下场，他的心里是痛苦的、委屈的，但他却没有在群起攻讦中后退半步，也没有因委屈苦涩而心如死灰，

他依然向着那个“利国利民”的目标昂然前行，拉起大明这辆破车奋力向前。他将委屈尽数埋在心底，也没有去想自己的未来会是如何。

最终，张居正取得了成功，几乎以一己之力，扶大厦之将倾，止住了大明日益衰落的颓势。

袁中道在评价张居正时，曾说道：“其立朝，于称几毁誉俱所不计，一切福国利民之事，挺然为之。”

意思是说，张居正当朝为官，但凡一切福国利民的事，都会坚定不移地去做，而关乎自己的东西，却不去计较。张居正如果因遭人误解、攻击而放弃变法，如果让心中的委屈羁绊住前行的脚步，那他只会是一个庸碌无为的内阁首辅，而不会是梁启超口中的“明朝唯一的大政治家”。

同理，如果我们因苦于无人理解而感到满腹委屈，又因为委屈而舍弃梦想，那我们便枉负了之前的一切努力，也毁了自己的人生。

事情都有两面性，委屈与仇恨一样，能带给我们证明自己的动力，也能带来满腹的牢骚。委屈对你而言，是良药还是毒药，究竟是让你更加坚强，还是催生出放弃的想法，就看你能否摆正心态，驾驭委屈。

十年树木。一棵小树，从弱干细枝到华盖参天，绝非一日之功，它要经历风吹雨淋，承受烈阳曝晒，更要学会在冰天雪地里耐心等待。

百年树人。一个人，从蹒跚学步到成家立业，也不是朝夕可成，总要经历世间百态，饱尝人生五味。

很多事情，并没有想象中那么可怕，难以忍受。很多事被我们放大了负面影响，而忽略了其带来的积极意义。就像吃药一样，我们常常因为药汁难以忍受的味道而抱怨不已，却淡化了它给我们带来的康复效果。在深夜里痛哭过，第二天依然笑着迎接挑战，才叫成长。

20. 也许不知不觉，你已经错过了无数成功的机会

失败是一种机会。若是你在一年中不曾经历过失败，那你就错过了一整年的机会。

哥伦布发现美洲大陆后凯旋，受到了英雄般的待遇，这引起了很多贵族的嫉妒。在一次酒会上，有个贵族讥讽哥伦布：“听说你过去失败了一百次，这样的数据很惊人啊！”哥伦布很有礼貌地回答说：“是啊，应该比这更多一些，可那又能代表什么呢？如今我已经获得了成功，对国王来说，这才是最重要的，不是吗？”贵族听了很不舒服，于是快快离开。

现实往往就是如此，对于任何一位伟人而言，没有人会记得他们曾经的失败，没有人会抓住他们过去的小尾巴不放，人们只会记住他们的成功，记住他们无可比拟的个人成就。一个人无论失败了多少次，无论经历过什么样的失败，最终盖棺定论的时候往往只会表述这个人的成功。正因为如此，有人说：“再多的失败也抹黑不了我们，因为失败总是暂时的，而只要有一次成功，哪怕是卑微的，也足以让我们身价倍增，足以让我们光彩照人。”

爱因斯坦一生经历了成千上万次的失败，可是那仅有的几次成功却让

他成为世界上最杰出的发明家；林肯总统说自己一生只成功两次，其余时间都在失败中度过，可是这丝毫动摇不了他的地位；克洛克说他自己一生中仅有的一次成功投资就是麦当劳。这些人经历过比别人更多的失败，经历过更多艰难的时刻，可是最后他们都跻身成功者的行列，他们的名字和“成功”“荣耀”永远地联系在一起。至于那些失败的经历，已经是过去式了，而且也根本不会让他们的成功有丝毫褪色。

很多时候，我们害怕失败，总担心自己会一直失败下去，所以常常想放弃，丧失继续前进的勇气和信心。可生活并不会永远让我们活在失败的阴影中，我们总能够从最深的黑暗中挣脱出来，总能够见到黎明的光亮。这份光亮无论多么卑微都将会是我们永恒的荣耀。定义人生的不是一次次的失败，而是寥寥几次成功。

罗伊是印度裔的美国投资商，在华尔街也颇有名气。2008年，他在股市普遍低迷的情况下挣到了5亿美金，成了一个名副其实的富豪。而且和其他成功的投资商不同的是，他并没有基金，更多时候都是扮演一个散户的角色，这让他的财富积累更加困难，因此他的成功对金融业的人产生了很大的影响力。

在此之前，罗伊是一个落魄的商人，很多华尔街的人都认识他，在他们的印象中罗伊是一个固执、自信、失败、倒霉的人。罗伊原先在一家投资银行上班，收入也不错，可是看到很多投资者在华尔街一夜暴富，创造了很多财富神话之后，他也开始动心了。两年后，他辞掉了银行的工作，开始了在华尔街的奋斗历程。

不过现实显然没有他所想的那么简单，尽管他很努力地学习了投资知识，也尽量掌握各种投资信息，可还是觉得无所适从。都说华尔街是一个饿狼横行的世界，到处充斥着贪婪和欲望，每个人都在试图吃掉自己的对手，而罗伊显然还没有准备好做一匹狼，他的第一笔投资很快就失败了。但罗伊好歹摸到了一点门路，于是很快开始了第二次投资，结果又失败了，之后他卖掉了房子和车子，继续投资，可是失败的结果如影随形。

接二连三的失败让他背负了沉重的压力，那时候他也曾经怀疑过自己，认为自己的确不可能获得成功。在华尔街上，自己注定了只是一个失败者。可是他很快就打消了这种“愚蠢的念头”，认为别人都能够成功，那自己没有任何理由失败，他坚信幸运女神总有一天会站到自己这一边，他甚至幻想着某一天能够和其他富豪一样开好车、住豪宅，然后一年四季都在国外度假。

正因为如此，罗伊坚持继续投资，同时也不断完善自己的投资技巧和策略。到了 2008 年，很多投资商都在疲软的市场经济面前栽了跟头，金融危机的爆发让很多人倾家荡产，可是罗伊却险中求胜，把握住了机会，逆势而上，挣到了一大笔钱，他也一夜之间成为超级富豪。

在失败的打击中，我们常常会失去信心，会担心失败继续下去，会成为困扰我们的“灰色精灵”，结果我们常常自暴自弃，而这种放弃的时机往往就是通往成功的节点，可以说这样的失败才是真正永远跟随我们的阴影。正如蒙哥马利将军所说：“如果我现在投降了，那么我将永远被钉在失败的耻辱柱上，所以我必须打胜仗，而且也最终能够打胜仗。”

我们在面对失败的时候，没有必要去害怕失败，更不要陷入“永远失败”的思维当中去，我们应该坚信失败总会过去，成功会很快到来，要给自己成功的希望，它能帮助我们淡化所有的不快经历，能够消除失败所带来的一切困扰和痛苦，正因为如此，我们更加需要奋发向上，需要用成功来定位和要求自己的人生。

21. 羞辱不是财富，对羞辱的忍耐和反击才是

古人说："砺乃锋刃。"人也一样，只有经过羞辱的砥砺，忍耐下来或者完美漂亮地反击，才能步入成功之门。

被人羞辱，在很多人眼里都是难以接受的事。我们大多数人从小到大都是被父母宠着长大的，很少遇到被人羞辱的时候。朋友的背叛、陷害也就罢了，至少没有面对面地针锋相对，那就说明还有回旋的余地。可是，被人当面批评甚至骂得狗血喷头，这种羞辱，谁又能忍受呢?

在工作中，很多老板压力都很大，性子比较急，经常把下属骂得面红耳赤。如果这事不是发生在自己身上，我们还能接受。老板嘛，掌控着公司的前途和你的"钱途"，觉得自己高高在上，因此，在极信任的下属面前，更容易随意发泄自己的情绪。

很多事情，我们都认为自己绝对接受不了，可是等到真的发生在我们身上的时候，我们会发现自己远没有那么娇贵，也就接受了。这不仅仅是对现实的无奈和妥协，也是一种成熟与成长。经历之后，我们就百毒不侵了，没那么容易倒下。

玛雅最近心情非常糟糕，因为她又一次被老板骂了。这次的策划案她是按照老板的要求写的，可是却被老板批评得一文不值，还被老板当着大家的面骂为饭桶。面对老板的训斥，她不敢做任何申辩。因为她知道，如果申辩，老板肯定会说更难听的话来羞辱她。

她心里委屈极了，觉得老板人品有问题，怎么能一点颜面都不给她。越想越难受，到了周末，她去看望父母的时候，还是一张苦瓜脸。母亲问她怎么回事，她就满腹委屈地说了这件事。听完之后母亲安慰了她一阵子，然后给她讲了个故事：

有一个年轻人创业失败后，好不容易在一家公司得到了一个临时试用机会，做产品销售。可是，半个月过去了，他却没有销售出任何产品，他去见了老板，希望老板再多给他几天时间。但是老板当着众人的面对他说："再给你点时间，你就能把东西卖出去？你最好不要拿这种话来糊弄我，我最讨厌的就是像你们这样的乡巴佬，都是一群饭桶！如果你再拿不到订单，就从这给我滚出去，我不想在你这样没用的人身上浪费时间。"

面对老板的羞辱，年轻人选择了忍受，并且恳请老板带着他一起去工作。

老板看他态度这么诚恳，就同意了。

那两天，真让他大开眼界，老板拜访了四位客户，都成功了。每当客户拒绝的时候，老板总是面带微笑地说："我知道你不想买我们的产品，但是能不能拜托你告诉我，你不想买的理由？"老板一直在赞同客户的意见，并且诚恳地征求意见。最后，通过继续深入的交谈，他与客户之间的隔阂消失了，谈话气氛越来越融洽，最终客户接纳了他，也接纳了他的产品。

那两天的经历让年轻人学到很多东西。过去从老板那里经受的所有羞辱，全都烟消云散了。

“孩子，你知道这个年轻人是谁吗？”母亲和蔼地问。

玛雅摇了摇头。

母亲说：“他就是IBM的开拓者小托马斯·沃森。”

她还有些不服气，争辩说：“他的老板跟我们老板不一样，我们老板什么都不懂，还那么嚣张。”

“你又错了，”母亲说，“你的老板不是没有真本事，而是拥有了你没有拥有的本事，并且你的本事，他也有。还有，别忘了，你的任务跟老板的任务不一样，你觉得他没本事，但事实是，他把最难的那部分都帮你们做了。你平时看他除了吃吃喝喝之外，好像什么事情都没做，事实上他的工作内容包括高瞻远瞩、察言观色、逢迎客户、应酬各色人物，等等，这些，你能做吗？我也是做领导的，我告诉你，这些事情的难度超乎你想象。”

玛雅不再吭声了。她知道，这些事情里确实有很多自己做不来。

一个人在遇到挫折面对羞辱的时候，愤怒远没有痛定思痛来得重要。我们不如用羞辱为人生加油，把苦难化为动力。

人生就像一首复杂的交响乐，我们耳边不但会听到热情的赞美，也会听到刺耳的讽刺。赞美当然让我们内心舒畅，讽刺则会勾起我们心中的自卑。有人因为自己的相貌而自卑、有人因为自己的出身而自卑、有人因为自己的遭遇而自卑。但是自卑真正的原因也许并不在我们的相貌、出身或者是遭遇上。如果我们能够换个角度审视自己和嘲笑我们的人，那么，也许我们可以得到新的看法。

林肯，被公认为美国历史上最伟大的总统。但是他出身贫寒，相貌丑陋，时常有人拿他长得像猴子和父亲是个鞋匠取笑他。

在林肯成功当选总统，首次在参议院发表演说之前，那些贵族出身的参议员都对这个鞋匠的儿子十分瞧不起，并且计划要羞辱他一番。

那天，林肯站上演讲台，要开始讲话的时候，忽然有一位参议员站了起来，态度傲慢地说："林肯先生，在你演讲之前，我要提醒你，你只是鞋匠的儿子。"

话音刚落，在场所有的参议员都大笑起来，笑声中充满了嘲讽。

林肯一直在上面静静地站着，直到大家的笑声停止，他才说道："非常感激您使我想起我的父亲，他已经过世了。但我一定会永远记住您的忠告，我是鞋匠的儿子，也许我做总统永远也无法像我父亲做鞋匠做得那么好。"

参议院上下陷入了一片静默。林肯转身对刚才那个想要羞辱他的参议员说："据我所知，父亲以前也为您的家人做鞋子，如果您的鞋子不合脚，我可以帮您修正它。虽然我不是伟大的鞋匠，但我从小就跟随父亲学到了做鞋子的艺术。"

正在这位参议员备感诧异的时候，林肯又对所有的参议员说："对参议院里的任何人都一样，如果你们穿的那双鞋是我父亲做的，而它们需要修理和保养，我一定尽可能去做好。但是我无法像我的父亲那么伟大，因为他的手艺是无人能比的。"说到这里，林肯不禁流下了泪水。

参议院里再也没有人瞧不起这位总统，在他们心目中，这是一位坦诚而有担当的领导人，之前所有的嘲笑此刻全部化为了赞叹的掌声。

面对别人的羞辱，不要指望对方给你道歉，它虽然让你痛，但如果你能忍耐，并努力赶超他人，或者进行有力的反击，才是你能收获的最大财富。

22. 没有天生的信心，只有不断培养的自信

自信，是人生的支点。幸福的感觉来自于简单和自信。生活中无论遇到什么，你都微笑吧，即使是装出来的，因为总有一天，它会变成真的。

莎士比亚曾说：“自信是走向成功之路的第一步。”所谓自信，既是一种精神状态，也是一个人成功或实现梦想所必须具备的心理素质。心理学家形象地称之为“成功的发电机”。

一个人如果有信心，相信自己的能力，他的内心就会有一种强大的力量，就会对困难或挫折毫无畏惧。反之，如果一个人没有自信，对所有事情都抱有怀疑，他的内心就会消极，遇到困难或挫折时，会因夸大困难或挫折而退缩。

古今中外，大凡有自信的人，多是生活的强者，多能创造出丰功伟业。

拿破仑是一个十分自信的人，据说，只要是他率军作战，军队的战斗力就会增强一倍。

为什么会这样呢？

这是由于士兵们对统帅的信心，所以，与其说是拿破仑提高了军队的

战斗力，不如说是提高了自信心，让他领导的每个士兵都信心满满，从而增强了战斗力。

拿破仑不仅自身是一个十分自信的人，而且在关键时候，也能给他的士兵们自信。有一次，一个骑兵给拿破仑送信，在到达目的地之前，跑得太快，跌了一跤，马死掉了。拿破仑接到信后，立刻写了回信，并让那个士兵骑自己的马将回信尽快送回。

那个士兵一听拿破仑让自己骑他的马，便对拿破仑说：“不，将军，我实在不配骑这样高贵的骏马。”

拿破仑严肃地回答道：“世上没有一样东西是法兰西士兵所不配享有的。”

所谓自信，就是要相信自己，对自己有信心。正如马克思所说：“伟人之所以看起来伟大，只是因为我们在跪着。站起来吧！对！站起来！别让怀疑和自卑把你的腿压弯，让自信在你的腿上注入力量！”

自信是一种能量，不但能激励自己，而且能感染和激励别人，更能创造奇迹！

男孩彼得从小双目失明。小的时候他还不明白失明意味着什么，长大后，才慢慢感受到失明带给他的不幸。他看不到世界的模样，看不到天空的色彩，看不到亲人的爱怜，什么都看不到，这让他感到很失落。

一天，一个神父对他说：“世界上的人都是被上帝咬过的苹果，所以都是有缺陷的。有些人的缺陷比较大，那是因为上帝太喜欢他了。”

“我真的是上帝咬过的苹果吗？”彼得有些怀疑地问。

“是的，上帝没有抛弃你，上帝肯定不喜欢被他咬过的苹果在悲观自卑中度过一生。”神父肯定地回答说。

神父的话唤起了彼得对生活的热情，使他重新找回了自信。后来，他通过努力，成了一个技艺高超的盲人按摩师。

因为有了自信，一个对生活不抱希望的孩子，重新树立起生活和工作的信念，并做出了一番成就。

在这个世界上，没有比自信更强大的能量，没有比自信更能成为拼搏的动力，追梦的人，自信是翅膀，助力自己跑向成功。

邓肯可以说是NBA最好的前锋之一，然而，他也曾有不自信的时候。他在刚进入联赛前的几年，总是担心对付不了大鲨鱼奥尼尔这个强大的对手，因而在场上他总是率先避开奥尼尔。

了解了邓肯的顾虑后，队长罗宾逊就找他聊天，告诉邓肯躲避不是最好的选择，只有勇敢地面对，才能战胜面对强者的恐惧，并实现超越。

听了队长的话，邓肯决定尝试一下。再在比赛场上与奥尼尔相遇时，邓肯勇敢地与奥尼尔拼抢，不再躲避。结果这样一来，他发现自己变成了奥尼尔的克星，简直不敢置信！

后来，在与奥尼尔进行的一次次较量中，邓肯的球技也有所提高，最后竟成了奥尼尔在内线的强大竞争对手。更有趣的是，双方的水平都在比赛中得到了提升，实现了双赢。

在生活中，一些人在做事时，一遇挫折就半途而废，从不想办法走出困境，这就是缺少自信心的缘故。如果一个人有自信，在做事时，就会相信自己战胜困难与挫折的能力，就能全力以赴地去做好这件事。

黑夜里，发光的萤火虫不仅会照亮自己，也能赢来别人的欣赏和赞叹。同理，一个人如果有自信，也会像发光的萤火虫一样，既能借光亮前行，又能赢得别人的欣赏。

“我深信，你们做得到的事情我也做得到；你们做不到的事情，我也一定可以做到！”

这是感动中国年度人物刘伟的一番自信宣言。

刘伟是一个普通的男孩子，与众不同的是，10 岁时的他因为一场可怕的事故而失去了双臂。可强烈的自信心鼓励他做了一些别人看来完全不可能的事，创造了一个又一个奇迹：

在康复中心的水疗池里，他第一次学会了游泳；在残疾人游泳锦标赛上，他夺得了两枚金牌；他以一分钟打出 251 个字母的速度打破了吉尼斯世界纪录，成为世界上用脚打字最快的人；23 岁那年，他步入了维也纳金色大厅，用灵活的脚趾为大家演奏，成就了音乐史上的奇迹。

感动中国的评审委员会给了刘伟这样贴切而生动的评价：“当命运的绳索无情地缚住双臂，当别人的目光叹息生命的悲哀，他依然固执地为梦想插上翅膀，用双脚在琴键上写下：相信自己。”

古人云：天生我材必有用。正因为刘伟无条件地相信自己能行，能和任何一个四肢健全的人一样去享受生活，去追寻梦想，他才会有迎战困难的决心，才能弹奏出那一段段轻盈的旋律，才能创造一个个奇迹。

一位伟人这样说：“无论你的内心所抱着的意念或信仰是什么，它都可能成为现实。”如果你想实现自己的梦想，那么就应该相信自己的能力。相信他人能做到的，自己也能做到。在任何一方面，自己都不会比别人差。

自信来源于对自己优势的认知，以及对自我价值的肯定。因而，在生活中，你要善于发现自己的优点和优势，或许，你唱歌不如你的朋友，但你却擅长绘画；或许你不擅长沟通，可却很体贴他人。只要你仔细观察，总会找到自己优势所在。

自我暗示对人类的影响非同小可，每天早晨，用积极的心理暗示来鼓励自己，默念“凡事我都能做，而且一定能做好”，多默念几次，多肯定自我，你的自信心就会慢慢增长，每天也会过得充实而快乐。

梦想垂青那些有自信的人，一个人若能不断增强自信，就等于给自己注入了强大的正能量。只要有信心，战胜通向梦想途中的困难，就能专注于梦想。如果你缺少这种能量，就要在日常生活中慢慢培养，并让它成为梦想与现实对接的坚实桥梁。

第四章

抗挫：顺风可以奔跑，逆风却能飞翔

23. 你忍受的痛苦，都是为未来积攒的财富

活着就要承受，好的、坏的，高兴的、愉悦的，痛苦的、悲伤的，身体的、精神的都要承受，学会承受就是学会理性的承受。承受不是忍耐，忍耐是毅力，而承受是能力、是品质。

我们都知道，人类的身体虽然具有很大的潜力，但是仍然有一定的极限，比如说人体的正常体温大概在 37 度，可是随着体温的下降，身体的功能就会出现紊乱和衰退，当前体温最低的纪录是 16 度。臂力的记录是 300 千克，失血后生存的记录是流失 75%。其实这一切就是我们人体能够承受的极限了，当然具体来说还要因人而异。

不仅仅是身体有一个承受极限，一个人的精神和心理也有一个承受的极限，在什么样的压力之下，我们才会失去理智，才会感到崩溃，才会绝望？想要知道这一切，就需要去承受各种失败的打击，去亲身体验痛苦，只有了解并体验了那些痛苦，你才会知道自己究竟是强大还是脆弱。了解了自己的极限，我们才能够努力提高自己的承受能力，从而想方设法突破这个极限，让自己变得更加强大。

当痛苦来临的时候，你是不是会觉得心烦意乱，开始抱怨，开始失眠，成天无精打采，身体经常不适？如果有这样的症状，证明你的抗压力到了一个临界点，而一旦你出现情绪崩溃，开始失去理智，那么就证明这些痛苦已经超出了你的承受范围。心理学家认为失败或者痛苦实际上就是一个测试个人心理承受能力的最佳方法，因为当我们感受到痛苦的时候，会本能地做出反应，这些反应通常来说能够更加科学也更加准确地反映事实真相。

比如说当有人向丘吉尔报告北非战场的不利形势时，这位英国历史上最伟大的首相并没有下达撤军的命令，而是漫不经心地说了一句："好吧，我要看一看事情还会不会变得更糟。"当凯撒大帝遭遇敌人的顽强抵抗而损失惨重时，他并没有发怒，而是冷静地告诉部下："下一场战役，我会将这次所失去的东西一并带回来的。"当勒夫在华尔街亏损了10亿美金之后，竟然大笑着说："很高兴，我还没有完全成为一个穷光蛋。"这些人后来都获得了非比寻常的成就，而这显然与他们在失败中强大的心理素质密不可分，可以说他们在困境中真正了解和证明了自己的承受能力。

而对于那些心理承受能力不好的人来说，失败和挫折能够很显著地表现出他们的心理承受极限在什么样的水平，而且还能磨砺他们的心性，增强他们的心理承受能力，能够让他们变得更加强大。可以说经历痛苦可以帮助我们磨炼出一颗强大的心脏，从而让我们突破心理界限，提升自己的抗压能力和抗击打能力，在困境中始终保持乐观积极的心态。

台湾作家林清玄年轻时曾经有一个相恋5年的女友，两个人非常恩爱，然而某一天，女友突然向他提出了分手，这对他的打击非常大。那时候的他非常恐惧，他甚至想跪在咖啡厅里求女友回心转意，可是女友去意已决，根本就没有给他任何的希望。想起过去的种种，林清玄悲伤不已，几乎就是在几天之内，他变得神色憔悴，须发严重脱落。心灰意冷的他决定用自杀来寻求解脱。

他制订了一个唯美的自杀计划：在美丽而忧伤的晚霞里跳海。当他来到海边执行这个计划的时候，被一位路过的和尚救了起来。和尚非常不理解，一个年纪轻轻的人为什么动不动就要寻死，生活还有很多美妙的东西，还有很多值得珍惜的东西，为什么不更加坚强一些呢？只要承受住了这些痛苦，就能够体验生活中更多的乐趣。

听了和尚的劝告，林清玄醒悟过来，他为自己脆弱的心感到惭愧，于是开始更加注重提高自己内心的修养，很快就从失恋的阴影中摆脱出来，并开始重新追求幸福。数年后，他的第二位女友在茶馆里向他提出分手，这一次林清玄显得很平静，他没有紧张和痛苦，也没有抱怨和恳求，而是淡淡地对女友说："只想请你等一下，等我喝完这杯茶。"

林清玄的改变就是因为他在痛苦中磨砺出了自己的刚强的心理。其实生活中有很多事情并没有我们想象中的那样可怕，我们太容易将它们恶魔化，以至于轻易地就在痛苦中沉沦和崩溃了。所以我们更应该在困难面前保持淡定，更应该在痛苦中保持乐观。对于那些不幸的事情，不妨坦然面对，然后看一看自己究竟能够承受到哪种程度，看看自己究竟能够在痛苦中走多远。

其实很多时候，我们对于痛苦的体验就像是负重一样，你觉得自己只能承受100斤的重量，你觉得超过100斤之后，自己就会被压垮，可事实上，当你勇敢去面对和承受更大的重量时，会发现105斤你也完全可以扛起来。当然前提是你需要慢慢适应这些压力，这样才能确保自己不断突破承受的极限。

24. 最大的危险不是失败，而是太安逸

人生就是这样，经得起失败才能享得了荣华；该奋斗的年纪不要选择了安逸。

我国第一部编年体通史《资治通鉴》的作者司马光为人温良谦恭，刚直不阿，历来受人敬重。

司马光从小就嗜书如命，勤于学业，即便是做官后，还是一如既往地刻苦学习。成语“圆木警枕”说的就是司马光刻苦读书学习的故事。司马光为了多读书，不沉溺于安逸舒适的生活，就找来一个圆木做的枕头。圆木枕头放在木板床上，很容易滚动。司马光读书困倦得实在不行的时候，就躺到床上枕着圆木枕头休息，只要他稍微一动，圆木枕头就会滚走，头就会磕在床板上。突如其来的疼痛，能让他立刻惊醒，然后赶紧爬起来读书。后来司马光给这个圆木枕头起了个名字——警枕。

在编著《资治通鉴》时，司马光每天天不亮就起来伏案写作，很多时候秉烛到深夜，十九年如一日，而“警枕”也一起见证了这部心血巨著的诞生。

司马光在《进资治通鉴表》中说道：“臣今筋骨癯瘁，目视昏近，齿

牙无几，神识衰耗，目前所谓，旋踵而忘。臣之精力，尽于此书。”可见，他在这本书上所耗费的心血是难以估量的。在审稿与修订的过程中，他从不假他人之手，事必躬亲。也正因如此，成书仅仅两年之后，司马光便积劳而逝。

我国古代刻苦读书的典故太多了，但无一例外，这些故事的主人公无论生前还是身后，都获得了无数人的敬仰和效仿。这也说明了一个道理——吃得苦中苦，方为人上人。

“唐宋八大家”之一的韩愈在《进学解》中说过：“业精于勤，而荒于嬉。”他虽然指的是学业，但同样适用于我们的事业和梦想。

要想在一件事上有收获，就必须付出努力，而贪图安逸、害怕失败的人是永远也无法取得成功的。有些人善于谈论成功之道，但他自己其实很难取得成功，主要原因就是人自身所具有的惰性，更加向往安逸无虞的生活。

每年的寒暑假，是学生们最期待的，那是可以将无尽的作业和唠叨抛到一边的撒欢儿时间。放假对于学生们来讲就是睡懒觉、“放风”和“WIFI空调西瓜”。有很多人一直玩到快开学了，才担心起老师布置的作业还没做。即便如此，他们还是要一拖再拖，直到开学前一天晚上实在不能再拖，才开始熬夜赶作业。当然，也有那些时间分配合理的，每天或者每周拿出一点时间写作业的学生，他们不用“临时抱佛脚”，可以毫无负担地迎接新学期的到来。这样的学生往往都是在学校中表现出色，成绩优异的好学生，跟之前那些“临时抱佛脚”的学生相比，他们显得从容得多，却往往被同龄人视为异类，殊不知长大了再回头看看，到底谁的做法才是正确的呢？

在我们上学的时候，老师都会培养我们写日记的习惯，可到如今又有多少人能坚持下来呢？能够坚持到现在就会发现这个习惯的妙处。坚持是成功的必要条件，无法坚持则是自身惰性使然、贪图安逸的结果。

我们经常关注那些成功人士的动向和言论，却很少注意他们的作息时间，如果稍加注意就会明白他们为什么会取得成功。

生活中有很多人都把时间浪费在玩乐上面，不思努力和进取，还终日喊着梦想，喊着成功。诚然，年轻人要尝试一些新的东西，但这不代表要把时间浪费在完全无用的事情上。我们尝试某一种新的途径和选择，是一个学习、观察、理解、分析和总结的过程，是有助于我们的，而不是今天发个朋友圈，明天发个空间动态，看起来好像很认真、很忙碌，却把精力浪费在玩手机聊微信上。

王素和梁新两个人一起进入一家公司工作，同样是年轻有为、精力旺盛，唯一不同的是王素出身农村，而梁新是在城里长大的。一开始两人都很卖力地工作，也取得了很不错的成绩。慢慢地，来自农村的王素发现自己的工作量在不断地增加，相比之下，城里长大的梁新却看起来每天都轻松自在。

原来，办公室主任把本来属于梁新的工作都分配给了王素。听同事说，梁新的父亲和办公室主任是老相识。知道他们有这样一层关系，王素心里很不爽，却毫无办法，只有埋头完成自己的工作。

可是后来，这种事情越来越变本加厉，梁新的工作基本上全落到了王素的身上。王素每天忙得不可开交，加班到半夜才能回家，而梁新却自由自在，上班报个到，就无影无踪了。身体上的疲劳以及心理上的压抑让王素终于忍受不住请了假，回到老家。

他把自己准备辞职的事跟家人说了。在地头上抽烟的父亲听完王素对工作不顺心的抱怨后说道：“这是好事啊！你怎么还不想干了呢？”

“好事？我整天累死累活的，也没有多给我发一分钱，凭什么啊？”王素情绪激动。

这时候，父亲捡了两棵草，用力地扔出一棵，草落在了他的脚下，然后父亲又找了块石头，把草缠在石头上，随手一扔，就飞出了很远。

“孩子，明白了吗？”父亲淡然地看着自己的儿子，“人生只有给自己施压，才能走得更远，你一个人干两个人的工作，而且完成得很好，不正说明了你比别人优秀吗？这难道不是好事吗？”

听了父亲的话，王素释然了，第二天就回到公司继续上班，不再叫苦，也不再抱怨。不久之后，公司内部进行人事调整，梁新不知所踪，王素则因为能力出众，升到了主管的位置，并且牢记父亲的教诲，此后事业上顺风顺水，无往不利。

不经历风雨永远看不到彩虹；没被磨砺过的刀永远不能削铁如泥；没有付出过永远不能收获成功。如果我们只会抱怨社会的不公和人世的险恶，就会变得越来越狭隘、尖锐，进而不思进取，甚至与失败者同流合污。毁了自己的前程，更毁了自己的人生。

有很多人，害怕吃苦、害怕受累，遇到一点阻力就早早地放弃了。如果只图安逸，吃完就睡，睡醒就玩，玩累了接着睡，浪费了本该有所作为的青春年华，这样的生存状态跟其他生物有什么区别呢？

英国哲学家罗素在《西方哲学史》中说道：“文明人与野蛮人的主要区别在于眼光更长远……眼光长远是理性的，但也是苦闷的，因为美好永远在将来，当下永远有苦难。”人类从发展之初，就知道只有努力才能换来收获。这个观念经历千万年的风雨一直没变，但却不是每个人都听得进去先人的遗训。

人生最危险的事情就是贪图安逸。要想获得更美好的人生，要想取得更辉煌的成就，要想实现自己的梦想，只有奋力拼搏、不断进取，那些追求安逸生活的人永远也不会取得让人艳羡的成功。

25. 努力，永远拼不过全力以赴

每个人都有潜能，一个人的成长必须经过磨炼，必须对自己狠一点儿，否则永远也活不出傲人的辉煌。

生活中，有些人在毫无压力中懈怠了，在安逸中放纵自我、在轻松中麻醉自我，失去了奋斗的动力、迷失了前进的目标、找不到生活的寄托，于是开始松懈、开始滑坡，将自己推向堕落的深渊。

有一本员工内训读本《优秀是逼出来的》，书中介绍了一种众多著名企业家都奉行倡导的职业理念，提供了一条让诸多企事业单位人才辈出的最优化之路：好兵是摔打出来的，骨干是折腾出来的，人才是逼出来的。书中阐释了“逼”与“不逼”的两难选择，认为：绝境才能逢生，绝路才觅出路。并通过“五种感谢”，来概括逼出来的实战经验：一是感谢工作给你挑战，实战经验是闭上抱怨的嘴，迈出实干的腿；二是感谢企业让你负重，实战经验是态度决定高度，敢担当会担当；三是感谢领导问你责任，实战经验是因为被看重，所以被施压；四是感谢下属给你难题，实战经验是不怕有想法，就怕你没办法；五是感谢客户逼你磨炼，实战经验是不满是阶梯，意见是镜子。这本书提炼出来的经验字字珠玑，令人回味。

在困难和危机面前，有人束手无策，听天由命，有人则变压力为动力，积极找寻解决困难的办法，于是成功也就跟着被“逼”出来了。

身处优渥闲逸毫无压力的环境，难有成功，所谓“生于忧患，死于安乐”。当外部有压力逼你，而你能积极应对时，你的学识、才干才会有长足进步，推而广之，你的企业会有大进步，你的国家会有大发展。所以，战胜惰性，敢于迎难而上，才能激发你的潜能；挑战逆境，在逼迫中崛起，才能继续强大；坚强面对，积极寻找对策，才能百炼成钢。

“如果你想翻墙，请先把帽子扔过去。”

当我们难以驾驭自己的惰性和欲望，不能专心致志地前行时，不妨采取一些自断退路的举措，不逼自己一把，你肯定不知道自己能坚持到什么程度。

常言道：有压力才有动力。被逼，心态才会改变，目标才能明确；被逼，才会分清轻重缓急，才能抓紧时间，马上行动。要想寻求突破，大胆创新，就一定要逼迫自己，以此激发巨大的潜能，因为你能“逼出成功”。

很多人羡慕那些成功者，羡慕那些好梦成真的人。其实，每一个人的成功都不是偶然的，每一个人成功的背后都有个推手。有时，这个推手就是你自己，关键时刻，你逼着自己尽力一搏，看似不可能实现的梦想，很可能就会变为现实。

A 君又在学英语了，他今年已经 42 岁。从大学毕业，他的英语就被慢慢搁置了。参加工作后，他学了日语，以为自己在日企工作，只要学好日语就行了。

可他因工作调动的原因，要去英国驻守三年，无奈之余，只好硬着头皮恶补英语，逼着自己拾起快要被忘光的英语。

按理说，40 多岁的人，记忆力和专注力都不如年轻时候了，学东西会比较吃力，可他还是尝试着每天逼自己反复背单词，有时间就逼自己去英语角，向他人请教英语发音；看电影和杂志时，他总是逼自己看英语电影，读英文杂志……

半年的时间过去了，A 君已经能用流利的英语与人交流了。他说，自己这一把年纪学英语也不是很难，只要逼着自己往前走就可以了。

逼自己一下，就知自己有多优秀；自己逼一下，就知潜力有多大；逼自己一下，就能实现远大的梦想。

每一个人都有实现自己梦想的潜力，要最大限度地发挥自己的潜力、要让自己的潜力宇宙爆发出更大的能量，就看你是否能逼自己。

很多人的口头禅是“我不行”“我哪行”“我没那本事”……其实，你只要去做，大胆地去做，就肯定能行。

有一位父亲，买了一辆卡车。

他的儿子 16 岁了，自小就喜欢玩具汽车，见了这辆卡车，特别喜欢。只要有机会，他就去驾驶室内，摸摸方向盘，踩踩刹车。有时，父亲也教他一些基本的驾驶技术与常识。

没多久，儿子就学会了开车。

有一天，儿子偷偷地将车开出了自己家，结果还没走多远，一不小心，车子就翻到一边的水沟里去了。父亲以最快的速度跑到翻车的地方，到了那里，他看见儿子被压在车子下面，只有头露在外面，情况万分危急。

虽然父亲的身材并不高大，还有些瘦弱，但在儿子生命受到巨大威胁的时候，他毫不犹豫地跳进了水沟，双手伸到车下，把车子抬高，让路人帮忙将儿子从车下救了出来。

之后，人们觉得很不可思议：是什么力量让他一个人就把汽车抬起来了呢？就让他再试了一次，可他再也不能搬动那辆汽车了。

或许这位父亲本身就有一种超能力，平时无法发挥，当看到自己的儿子被压在车下时，他一心想去救儿子、一心只想把压着儿子的汽车抬起来，正是危急时刻爆发出的巨大力量，救出了危在旦夕的孩子。

每一个人都有着无穷的智慧，都有巨大的、潜在的能量，甚至是超能力。在孩子遇到危险的时候，不仅是父亲，做母亲的，也能爆发出这种巨大的潜能。

有个孩子的母亲，在家照顾她两岁多的儿子。

一天上午，玩累的孩子睡着后，母亲就将儿子放在小床上，然后去附近的超市购买日用品。

买完东西回来，快到自己家楼下时，由于心中想着儿子是不是醒了、会不会淘气，就不由自主地向自己家的阳台看了看。可这一看，却吓呆了：她发现，自己家的阳台上有个黑点在蠕动。

“儿子醒了，却自己爬到阳台上来了！”她不敢再想下去，只疯了似的往自己家的阳台下跑，边跑边喊：“孩子不要动！”

但是孩子根本听不见，他只看到妈妈朝他这边跑来，反而更兴奋地往外爬。

眼看儿子爬上了护栏，快掉下来了，这位母亲加快了速度，拼命地跑，巧的是，刚好在儿子掉下来的一刹那，母亲将儿子稳稳地接住了。

苏联学者衣凡·叶夫莫雷夫曾说过：“人的潜力像一座未被开采的油矿一样，丰富得令人震惊。我们若迫使大脑开足一半马力，不费吹灰之力就能学会40种语言，流利地背完《苏联百科全书》，完成几十个大学的课程。”

人的潜力是巨大的，一般人的脑力只开发了3%～6%，即便像爱因斯坦这样的天才人物，一生也只用了脑力的9%左右。

很多人在做事情时，常感觉很难，甚至感觉力不从心。显然，他是还没有被逼到绝境。很多时候，狠狠地逼一下自己，就会发现，某件事情没有你想象中那么难，你完全能够做到。

古人云：“世上无难事，只怕有心人。”有时候你不逼自己一下，永远不知道自己的潜力有多大。

不逼自己一下，你不知道自己能做到什么。有个人在学会游泳之前，觉得这是一件特别困难的事。但爱人让他学游泳，他不得不去学习，不得不逼着自己学习。结果，他很快就学会了游泳，甚至游得比爱人都棒。

很多时候，很多事情，我们会抵触，会害怕，其实，只要试着去做，逼自己去做，就会发现，这些事情远没有我们想象的那么复杂、那么困难。有时，一件事情是否能做成，只是做不做、努力做还是不努力做的区别。

很多人有这样的体会，每天早晨起床的时候，总感觉起床很难。其实，只要逼着自己起来，就会发现这并不是一件很困难的事情，精神反而更好了。

26. 倒下不可怕，可怕的是你永远无法再站起来

努力过，付出过，竭尽全力了，再哭泣。如果你连站起来的勇气都没有，那你也没有哭泣的权利。

失败并不可怕，可怕的是失败后的你变成一潭死寂的水，毫无动力。面对失败，我们每个人都可以做一个不倒翁，不论外界将我们击倒多少次，我们依然可以重新站起。

英国小说家、剧作家柯鲁德·史密斯曾经这样说：“对于我们来说，最大的荣幸就是每个人都失败过，而且每当我们跌倒时都能爬起来。”

在苏格兰，有一个出生在普通牧师家庭的小孩子，他叫戈登·布朗。据说，布朗自小就为自己定下远大目标。当他 12 岁的时候，就已经与哥哥约翰一起创办了报刊，并最终说服工党在他们的报刊上刊登当时工党领袖哈罗德·威尔逊所写的一篇文章。

布朗高中毕业的时候，发生了一件非常倒霉的事情。那一天，布朗在与老师举行的一场橄榄球赛中，不幸被踢中头部，导致左眼受伤。当时，住院长达几个月的他双眼都需要缠上绷带。在此期间，他进行了三次眼部

手术，受到常人难以想象的痛苦，可是，他到最后也只能接受左眼彻底失明的现实。

能够想象，对于正值青春的布朗来说，左眼的永久性失明简直是对他最为严重的打击。好长一段时间内，神情沮丧的布朗都是独自一人躲在房间里，他厌恶陌生人充满蔑视的目光，亲朋好友对他的同情更是令他厌烦不已，原本生龙活虎的年轻人变得越来越孤僻冷漠。

布朗的父亲和母亲都曾耐心地开导过他，可是却收效甚微。

直到有一天，布朗最敬重的哥哥约翰从大学放假回家了，他很想帮助自己亲爱的弟弟走出人生的低谷。他千方百计地找到一把手枪与6发子弹，并将之送给了弟弟布朗。震惊的布朗小心翼翼地抚摸着手枪，有些激动地问道："这把手枪，是能够开火的真枪吗？"

约翰回答道："是的，这是一把真枪，我希望你能和我一起进行实弹射击，我们一起玩儿！"

布朗听后，忍不住犹豫了一会儿，不过，他最终抵挡不了射击的诱惑，终于决定和哥哥一起出门。

来到屋后的小山冈，他们将目标定为20米开外的一棵橄榄树树干。约翰率先举枪。眯起左眼瞄准，也许是紧张又不懂技术要领，他连开三枪都没有命中目标，只好把枪交给布朗。布朗的前两发子弹也都射偏了，有些沮丧。约翰在一旁鼓励："别放弃，你还有一次机会！"这一次，布朗屏气凝神，果然击中了树干。

约翰欢呼着抱住弟弟，然后看着弟弟的眼睛认真说道："刚才我努力眯紧左眼，很吃力，所以没有瞄准。你比我有优势，因为上帝替你蒙上了左眼，你就可以心无旁骛，专心瞄准目标。"

约翰说的话，深深打动了布朗。一瞬间，他觉得新的生命轨迹向自己展开。没过几天，他又重新回到了学校，发奋学习。

16 岁时，布朗获得了苏格兰著名学府爱丁堡大学的奖学金，成为该校当时年龄最小的大学生。24 岁时，布朗发表了“苏格兰红皮书”，俨然以英国首相的口气对苏格兰的状况进行分析。

这位热心政治的青年，积极参与各种活动，难免会树立一些敌人。他的对手们常常借他的盲眼嘲笑他、攻击他，但他总记得当年哥哥的鼓励。在许多次演讲中，他激昂而自豪地宣称：“上帝蒙上了我的左眼，就是希望我能专注于毕生的事业，专注于我的目标，执着向前！”

眼疾反而增强了布朗奋斗的决心，他迅速在政坛脱颖而出。他是英国历史上任期最长的财政大臣，并于 2007 年接任英国首相。

布朗曾说：“每一个经历都在塑造我，而我只能坚持信念，保持积极。人生最重要的是在逆境中坚持下去，不让环境击垮你。”

失去左眼的布朗最终成为英国的首相，凭借的是什么？正是他异于常人的经历。

有个雕刻家完成了一座非常完美的雕塑，有人问他：“你是怎样雕出这座雕塑的呢？”

雕塑家回答：“其实这座雕像原本就在那里，我只是将它多余的边角去掉而已。”事实上，每个人都是一座雕塑，而雕刻一个怎样的自己，完全取决于自己手中紧握的刻刀。不同的经历恰好就是你的刻刀，时时刻刻都在打磨你。

布朗左眼的失明无疑带给他沉重的打击，可是布朗在哥哥的鼓励下并没有因此而气馁，他没有失去对生活的信心，反而重新站起来，勇敢地面对生活。“我的左眼是上帝为我蒙上的”，面对人们对他的讥讽和攻击，失明的左眼反而成了他最有力的反击。也正因为有这样的经历，才最终让布朗站在了英国首相的位置上。

每个人都渴望成功又惧怕失败，却忘记了失败的意义——因失败而得来的教训，终将促成成功。如果因为一次失败而就此一蹶不振，那么你将永远看不到成功。所以，如果你渴望成功，就请做好面对失败的准备。正如一位名人所说：“跌倒了并不可怕，可怕的是再也不肯从这条路走，更可怕的是再也不肯迈出脚步。”

27. 挫折不是你跌进泥坑，而是你不知道怎样往外爬

失败是必然的，走弯路是难免的，有挫败感是经常的，成就如果那么容易得到就不叫成就了。

电影《致青春》中陈孝正说：“我的人生是一栋只能建造一次的楼房，我必须让它精确无比，不能有一厘米差池，所以，我太紧张，害怕行差步错。”是的，人生没有彩排，每天都是现场直播。作家柳青说：“人生之路虽然漫长，但最关键的只有几步。”所以，每个人在自己人生道路的选择上都会非常谨慎。方向对了，人生就对了。正是基于对人生质量的看重，每个人都不允许自己在宝贵的生命的节点上走错一步。

好莱坞当红女明星哈莉·贝瑞称得上是一位奇葩人物。她是一位拥有黑白混血的演员，是美国黑人女性的杰出代表。2001 年，她凭借在电影《死囚之舞》中的出色表演，赢得了第 74 届奥斯卡金像奖“最佳女主角”奖，成为奥斯卡历史上的第一个黑人影后。

然而，并不是所有的鲜花都会依偎在一个人的怀里。2005 年 2 月 26 日晚，哈莉·贝瑞被命运开了一个天大的玩笑，她的事业一下子从巅峰跌进了谷

底，那是在第25届金酸莓电影奖（恶搞奥斯卡金像奖的颁奖典礼，每年都抢先在奥斯卡颁奖之前揭晓，借以向备受媒体批评的劣片致敬）颁奖仪式上，哈莉·贝瑞主演的《猫女》被评为“最差影片”，她也被评为“最差女主角”。她一手拿着当年夺得的奥斯卡最佳女主角奖杯，一手拿着金酸莓奖奖杯走上颁奖台，惹得台下一片笑声。此举震撼了整个好莱坞，因为她是第一位亲手接过金酸梅奖奖杯的好莱坞女影星。

对于这样的颁奖仪式，好莱坞的明星大腕们从不正眼相看，更别提参加这个颁奖仪式，接过授予自己的“最差 ××”奖杯了。可哈莉·贝瑞来了。

主持人问：“您为什么不怕丢人，前来领奖呢？”

她站在众人面前，从容地紧握着奖杯说：“我认为，作为一个演员，我们不能只听溢美之词，而拒绝批评和指责。在赞扬和恭维中，我会迷失方向，而批判和审判让我清醒。今天我来领取这个金酸莓‘最差女主角’奖，就是为了使自己清醒。我相信它将成为我人生中最宝贵的一笔财富！”

话音刚落，台下就响起一阵又一阵热烈的掌声。

次年，哈莉·贝瑞凭借《×战警》再次站在了奥斯卡颁奖台上。她用自己的自信、毅力和奋斗征服了所有的评委。

因为懂得避开光环，坦诚迎接批评，所以哈莉·贝瑞是清醒的。因为这一份清醒，她认识到自己的不足，然后知不足而进取，所以才会不断创造佳绩。

一个暂时失利的人，如果继续努力，打算赢回来，那么他今天的失利，就不是真正失败。相反的，如果他失去了再次战斗的勇气，那就是真的输了！

在2016年里约奥运会男子举重56公斤级赛事中，龙清泉以总成绩307公斤打破世界纪录获得金牌。其实他在追梦的路上也有迷失的时候。

龙清泉在年少时就已成名，未满18周岁的他在2008年北京奥运会上以292公斤的总成绩夺得金牌，他的成就令全国人民都记住了他。2009年龙清泉再次获得全运会金牌和世锦赛冠军，实现了大满贯。

当龙清泉获得过无数的荣誉后，他变了。他爱喝酒，常常打游戏到半夜，不再专心比赛和训练，在纸醉金迷的生活中迷失了自我。意志消沉的龙清泉职业生涯开始走下坡路，大家都在议论，这个年少成名的小子是否就此沉沦，从此一蹶不振？

在这段黯淡无光的人生岁月里，爱人曾莉云一直陪他身边，不离不弃。正是爱人的陪伴和鼓励，使龙清泉重拾信心，开始专心训练和比赛。

2014年，两人的爱情结晶“小小龙”诞生，做父亲的责任感令龙清泉成熟起来，承担起了家庭责任。龙清泉决心为一家妻儿再拼一次，抓住里约奥运会这最后一次机会。因为等下次2020东京奥运时，他就已经30岁了，这样的“高龄”想要参加奥运会，机会非常小。

2015年，龙清泉在教练的带领下开始没日没夜地练习。2015年全国锦标赛上，龙清泉的成绩恢复到298公斤，在2016年的奥运选拔赛上以300公斤的成绩夺冠，直接晋级，获得直通里约奥运的资格。在8月8日这一天的里约奥运赛场上，龙清泉抓举137公斤、挺举170公斤，以总成绩307公斤刷新世界纪录，夺得金牌！时隔8年，重回世界之巅！

成功的人必定要经过一些波折，只有百折不挠的人，才能最终尝到最甜美的果实。

美国百货大王梅西于1882年生于波士顿，年轻时出过海，以后开了一间小杂货铺，卖些针线，但铺子很快就倒闭了。一年后他另开了一家小杂货铺，仍以失败告终。

在淘金热席卷美国时，梅西在加利福尼亚开了个小饭馆，本以为供应淘金客膳食是稳赚不赔的买卖。岂料多数淘金者一无所获，什么也买不起，这样一来，小饭馆又倒闭了。回到马萨诸塞州之后，梅西满怀信心地干起了布匹服装生意，可是这一回他不只是倒闭，而是彻底破产，赔了个精光。不死心的梅西又跑到新英格兰做布匹服装生意，这一回他时来运转了。

他买卖做得很灵活，甚至把生意做到了街上商店。头一天开张时才收入 11.08 美元，而现在位于曼哈顿中心地区的梅西公司已经成为世界上最大的百货商店之一。

梅西没有因为自己的几次失败就丧失拼搏的信心，相反，他一直在努力尝试做买卖，失败了再来，跌倒了再爬起来，即使破产了，也没有动摇他的决心，最终他成功了，成了美国的百货大王。

挫折并不可怕，关键要看你以什么样的姿态去面对。以一种奇糗无比的姿势跌倒，就要以一种漂亮惊艳的姿态重新站起来。这样的人生，才能让人拍手称赞，才叫人刮目相看。

每一次跌倒的背后，都潜藏着一次更美妙的重生。跌倒的时候，不要惊惧，不要害怕，你要憋气，然后去争气，去用最美丽的姿态笑傲人生。

28. 你现在受的苦，总有一天会照亮未来的路

在这段艰难的时光中，挺过来的人，生命就会迸发新的活力；挺不过来的，时间也会教会你怎样与它们握手言和。你永远不必害怕。

要想成功，一定要先经历艰苦的奋斗或艰辛的磨砺，不过，你今日所受的苦，总会有一天能够照亮你未来的道路。

在成长中，有时你必须做出艰难的决定，才能获得重生。当你把旧的习惯、传统抛弃，就能使自己重新飞翔。只要你愿意放下旧的包袱，学习新技能，就能发挥自身潜能，创造新的未来。

众所皆知的黑人乔伊·巴罗斯是世界十大拳王之一，也是有史以来最厉害的重量级拳击运动员，乔伊·巴罗斯在长达12年的拳王生涯中，曾打败了25名颇具名气的拳手。

几乎所有的名人都有一个心酸的成名史，乔伊·巴罗斯也不例外。他上大学的时候，因为被母亲逼着学习拉小提琴，而与那些同样年纪，却打篮球或棒球的男孩儿们显得格格不入，招来许多同学的嘲笑。

也难怪，在20世纪初，黑人就受到白人的歧视，乔伊·巴罗斯的母亲

希望儿子能够凭借小提琴拥有一技之长，从而改变身为黑人被看不起的命运。于是，她在乔伊·巴罗斯很小的时候就送他去学习拉小提琴。那个年代，对于普通家境的人来说，每周需要50美分的小提琴学费可谓不低。可是，母亲听到老师夸赞乔伊·巴罗斯有学习小提琴的天赋时，就以为只要儿子将来有出息，哪怕省吃俭用也值得。

可是，乔伊·巴罗斯的同学才不会深究这些问题，于是，他们在背地里都称他为“娘娘腔”。有一天，愤怒的乔伊·巴罗斯忍无可忍地将小提琴用力砸向嘲弄他的男生。场面一片混乱，母亲省吃俭用为他购买的小提琴也不知道被谁弄断了。小提琴坏了，这对他来说，别提多难过了。他的泪水汹涌而出，周围看热闹的人瞬间散开，那些人还幸灾乐祸地边跑边叫：“乔伊·巴罗斯真是个娘娘腔，拉小提琴的小姑娘……”只有一名男同学静静地站在一旁，这个男生叫瑟斯顿·麦金尼，他是唯一没有嘲笑乔伊·巴罗斯的人。

瑟斯顿·麦金尼因为长相较为凶狠，许多人都怕他，可他是个善良的人。当时他还是个学生，却已经成为底特律“金手套大赛”的卫冕冠军。当他看到乔伊·巴罗斯被同学们欺负的时候，忍不住劝慰道：“我认为，如果你能锻炼出更加强健的肌肉，就再也不会有人敢欺负你了。”

瑟斯顿·麦金尼恐怕做梦也没有想到，他的这句无心之语，不仅改变了乔伊·巴罗斯的一生，甚至对美国那一代人的思想观念都产生了强大的冲击。此外，瑟斯顿·麦金尼的这句话还被奉为学习拳击运动的经典之语，尽管他在之后的成就并不突出。

当时，瑟斯顿·麦金尼说得简单直白，当下就带乔伊·巴罗斯去体育馆练习拳击。乔伊·巴罗斯捧着自己手里断成两截的小提琴就这样跟着瑟斯顿·麦金尼来到了拳击馆。

瑟斯顿·麦金尼说道：“我可以把我以前穿过的鞋子与拳击手套借给你使用，只是，你需要用50美分租个衣箱。”当时，租一个衣箱一星期需要交50美分，而乔伊·巴罗斯衣兜里只有母亲给他这个星期学习小提琴的50美分。如今小提琴彻底坏了，他也不可能去上小提琴课了，于是狠下心租了一个衣箱，将自己的小提琴放了进去。

开始的几天里，瑟斯顿·麦金尼仅仅教给了他几个简单的拳击动作，并吩咐他多加练习。一个星期要结束的时候，两人准备进行一次入门阶段的拳击对打，让人意外的是，乔伊·巴罗斯在第三个回合时，只用了一个简单的直拳就将已经有一点名气的瑟斯顿·麦金尼击倒了。当瑟斯顿·麦金尼从擂台上爬起来后，说：“小子，你很不错，我希望你将自己的小提琴尽快扔了！”

当然，乔伊·巴罗斯没有舍得扔掉伴随自己很长时间的小提琴。不过，他突然发现比起拉小提琴，好像拳击能让他更加兴奋。紧接着，他就把母亲每个星期给的钱全部交了拳击课的学费，母亲知道后，尽管苦恼了一段时间，后来也就顺其自然了。没过多久，乔伊·巴罗斯开始参加一些比赛，慢慢积攒了一些名气。为了不让母亲担心，他偷偷将自己的名字改成“乔·路易斯”。

就这样，乔·路易斯练习了5年拳击，23岁的他，已经成了重量级世界拳王。在1938年的一次擂台赛上，乔·路易斯把德国拳手施姆林击倒了，因为当时在纳粹统治下的德国，民众普遍惶恐不安，而乔伊·巴罗斯的获胜意义重大，因此，“乔·路易斯”很快就成为反法西斯者心目中的英雄。但是，因为他改了名字，所以母亲并不知道人们口中议论的那个黑人英雄就是自己眼里“不听话”的儿子。

永远没有人能够随随便便成功，几乎每个成功人士，都能谱写自己的一部血泪史。当然，那些曾经流下的汗水，那些曾经遭受到的痛苦与失意，在成功后，你就会发现，生命正是因为那些“疤痕”而变得更加精彩。我们心中一定要有坚定的信念，支撑自己一直向前迈进。

只有经过风雨的人，才能看到彩虹。度过艰难的岁月，你才会豁然开朗；如果被困难轻易打倒，那么，时间会告诉你，认输的人生是如何的惨淡。

青春，就应该去激情燃烧，不要怕难、怕输、怕流泪。只要自己不轻言放弃，就会发现，往日受的苦，总有一天会照亮你未来的路。

29. 人生没有花常开，有苦有甜有无奈

在这个世界上，没有人希望自己的人生出现苦难，当苦难来临的时候，我们避无可避。但想想受苦后能收获的东西，就会觉得受这么多苦也值得了。人们说的“吃亏是福”就是这个道理吧。

人生，并不总是充满快乐的，苦难也是人生中必不可少的组成部分。若你从未吃过苦，就表明你的人生不完整。只有在品尝了苦的滋味，你才能尝到甜的滋味，你也会有更大的收获。宋代诗人范成大曾在诗中说道：“不经一番寒彻骨，怎得梅花扑鼻香？”只有经受住苦难，才能获得更多的幸福。

从小我们就常听老师教导说：“不要做温室里的花朵。”因为温室里成长的花朵没有经受过任何的风吹雨打，一旦被移出室内，就会很快枯萎凋谢。这也可以类比人类，一个从未吃过苦的孩子，你能指望他承担多大的责任呢？所以，在我们的一生里，适当的吃苦是很有必要的。苦难，能够锤炼人的心智，增强人的意志，让人变得更坚强，更积极乐观，相应地，前方的道路也会走得更加顺畅。

吃苦是福，是成就一番大事业前不可避免的前奏。

看看那些取得耀眼成绩的企业家们，哪个不具备吃苦的精神呢？台湾“经营之神”王永庆就是一位。

了解王永庆的人都应该知道，很多励志书籍中也都介绍过他的经历，他没有上过多少学，从小就在米店当学徒，后来通过自己的不懈努力，成为闻名世界的“塑料大王”。有一次面对记者采访的时候，他这样说：“我之所以能成功，主要是我能吃苦。”正像他说的一样，王永庆的确是一个很能吃苦耐劳的人。

王永庆出身贫寒世家，他在兄妹中排行老大，在很小的时候就担负着繁重的家务。6 岁的时候，别人在玩耍，他只能干家务。每天很早就起来，担着水桶去挑水。他光着脚丫一步步爬上屋后两百多级高的小山坡，再赶到山下的水潭里去汲水，然后从原路挑回家，一天要往返五六趟，十分辛苦。不过，正是这种环境让王永庆具备了吃苦耐劳的品质。

为了给家庭减轻负担，小学毕业后他就不再读书了，经过熟人的介绍他来到嘉义一家米店当学徒，在米店学了一年后，他的父亲十分看好他的创业潜能，就向亲戚朋友借了两百块钱，帮他开了一家米店。

王永庆非常兴奋。米店面积虽然很小，但他每天都很用心地做着一切打算。为了经营好自己的顾客，他盘算每个人的日常消耗，比如一家如果有八口人，每月需大米 10 公斤，四口之家就是 5 公斤。他按照这样的数量给客户设定标准。有一家米吃完的时候，就主动将米送到顾客家里。王永庆想到的这种周到的服务方式，一方面确保了顾客家中不会缺米；另一方面也帮助了那些年老体弱的顾客，节省了他们走路、搬米的时间。很多顾客自从买过王永庆的大米后，就很少再去别人家买米了。

王永庆的这种方法虽然稳固了与顾客的关系，但有很多顾客都没有付给他米款，王永庆不以为然。他想，对于大多数工薪阶层来说，没到发薪的时候手头也没有几个钱，于是他牢记每个在不同机构上班的顾客每月是哪一天领薪水，就在那一天去收米款，结果十有八九都能让他满意而归。

王永庆是一个很有志向的人，只卖米，他并不满足，为了增加利润，他减少从碾米厂采购的中间环节，从国外买了几台碾米设备，自己碾米卖。王永庆就是靠着这种吃吃苦耐劳的精神一步步创造自己的事业的。

吃得苦中苦，方为人上人。如果你不能狠下心让自己吃苦，就积累不了足够多的经验。“纸上谈兵”是最危险的自负。

人的一生，一定会有幸福的时候，也会有艰难的时刻。所谓“和和美美”“甜甜蜜蜜”这样的美好词汇不过是一种祝福与希望罢了，我们的人生原本就是由幸福与苦难组成的。如果幸福，会带给你美好的情感体验；如果痛苦，也会带给你深刻的经验教训，让你变得更加坚强。

时至今日，画家凡·高的每一幅作品都能拍到天价，他的名气也是前无古人，后无来者，可是，在他活着的时候，却穷困潦倒，苦难重重。我们可以从许许多多描述凡·高的文章中体会到这位著名画家无可奈何的悲怆人生，那是一种让常人难以理解的伤痛。我们很难想象，当他用剃须刀割下自己一只耳朵时，需要忍受多大的痛苦；让我们更加难以置信的是，他究竟经历过怎样的苦难，让他不惜在麦田中朝着自己的胸口开枪射击，甚至因为射偏了，又让他承受了两天的痛苦煎熬才从这个世界上离开。

我们可以猜测，凡·高有可能濒临精神崩溃的边缘，也有可能厌倦了潦倒地活着，只是，就因为这巨大的痛苦，让他获得了非比寻常的灵感。凡·高自杀时年仅37岁，他却创作出了很多震动世界的名画。他天性开朗，完全摒弃了荷兰画派彰显出的暗淡与沉寂，也让他对印象派避而远之，他只是想在画卷中体现自己对外界的真实感情与自己的主体意识。在凡·高的所有作品中，都是用环境而非线条来描述他所看到的画面。他用自己的主观意识对现实加以修饰，以达到他眼中的真实，如此一来，就形成了他表现主义的风格。

历史表明，画家凡·高尽管生前不得志，可是，在他去世很多年后，他的作品还是得到了后人的热烈追捧。凡·高的其中一幅画——《加谢医生的肖像》，甚至拍出8250万美元的高价。他的才华终于显现在世人面前，他的名字也被永远地载入史册。

中国作家史铁生尽管失去双腿，永远失去了用双脚行走的能力，他却用一根笔杆、几页稿纸为世人留下一个难忘的身影。史铁生靠着自己坚强的意志，用作家的名义重新“站”了起来。关于苦难，史铁生这样说：“我越来越相信，人生是苦海，是惩罚，是原罪。对惩罚之地的最恰当的态度，是把它看成锤炼之地。”

我们要敢于面对苦难，敢于去吃苦。不管命运给了你多少苦难，既然无法拒绝，那就要化苦难为力量，懂得吃苦的人，一般在生活中都会更加平和，也会在将来有一个更加美好的人生。你今天有多苦，后面就会有多甜。

30. 最泥泞的路，才能留下最清晰的脚印

人生的过程必然坎坷，经历本身必然让你变得更好。哪怕结果不如预期，也有其发生的必然原因。

纵观古今中外，但凡英雄人物，都会经历大大小小的苦难。他们懂得在苦难中积聚力量，获得人生感悟。之后，他们将自己的亲身感悟应用于实际生活中或自己的事业上，经验越多，距离成功就会更近。

古语云："自古英雄多磨难，从来纨绔少伟男。"只有我们承受住更大的苦难，才有可能创造奇迹。不管是伟人，还是天才，他们都需要经历一番磨难才能成就大业。

住在普陀寺里的一个小和尚，突然有一天心血来潮想去普陀山的最高峰，因为那里是观音菩萨修行的地方，也许会碰到很多修行的高人。

那里的道路崎岖而危险，充满动力的小和尚爬上了最高峰，看到一片广阔的平原。俯瞰山下一览无遗，兴奋的小和尚四处张望，想看看周围有没有得道高人甚至是仙人，但走了很长一段时间，都没有发现自己想遇见的那些修行高人。

就在他非常失望的时候，发现了一块刻着“惠济禅寺”的大石碑，这又让他充满了希望，觉得肯定是修行高人的处所。小和尚有了一个更大胆的猜测：他想在这里修建一个寺庙，并在这里修炼，时日一久自己也能成为修行高人。

带着这个想法，小和尚高兴地下山回自己的寺庙中去，并告诉了师父。师父安静地聆听着他的述说，听到他的想法后大吃一惊，觉得小和尚这样的想法太天真、太荒唐了，这是根本不可能的事情。

小和尚听到师父否定他的想法，认真地对师父说，自己已经发过誓，一定会修建好这个寺庙。后来，很多师兄知道这个消息后都劝说小和尚，希望乳臭未干的他不要自不量力，这样做只是自讨苦吃。

可小和尚仍旧没有打消在山顶修建寺庙的念头，他跪在观音菩萨像前祈祷菩萨可以保佑自己完成誓愿，然后便拜别了师父。离开以前的寺庙之后，他开始了修建寺庙前的准备工作，化缘是第一步，因为只有有了钱才可以请到工人，但是这并没有达到小和尚预想的结果。有时候，他几天都不能化到一分钱，连最基本的温饱问题都没法解决。就这样狼狈地度过了三年的时光，生活的苦难让小和尚尝尽了人间的冷暖，三年后的他变得像一个小乞丐，像过街的老鼠一样，大家看到他就远远躲开。

小和尚无心化缘，便来到了河边，看着自己化缘的木鱼，他决心将木鱼放入河中，木鱼到哪儿，他就去哪儿。小和尚就跟着木鱼不停地跑着，突然木鱼在一个地方停住了，而且不停地打转，小和尚认为这是有高人指点，但他捞起木鱼时发现附近并没有可以化缘的地方，只有一片森林。于是小和尚盘腿开始打坐、念经，手上敲着木鱼。小和尚敲了三天三夜的木鱼，却没有看到半个人影。小和尚非常饥饿，为了转移注意力，他继续敲着木鱼。没过多久，居然有个像是大户人家的仆人来到他的身边，并请他过府一叙。

原来，离这条河不远的地方有一个大户人家。家中的老夫人已经卧床很多年，她的儿子请了许多名医都没能治好老夫人的病痛。可老夫人听了三天三夜的木鱼声竟然感觉自己的病好多了。老夫人知道小和尚的故事之后，便让仆人们带小和尚去洗漱，焕然一新的小和尚更是让老夫人心情愉悦。小和尚希望老夫人能帮助自己完成修建寺庙的事情，老夫人立即吩咐自己的儿子为这位师父在普陀山的山顶上修建寺庙。

小和尚不仅治好了老夫人的病，自己的夙愿也顺利地完成了。当寺庙修建好之后，小和尚再次回到原来的寺庙请师父和师兄们前去静修，所有的人都大吃一惊，不敢相信小和尚真的达成了心愿。

住持大师看到困难选择了逃避，而小和尚却充满斗志和信心，他知道，哪怕是山穷水尽，也会有柳暗花明的可能，困难会产生无穷无尽的财富。

有的人害怕面对命运带给自己的苦难，变得越来越穷；而有的人却与之相反，他们懂得珍惜每一次挑战，并且能正确地看待一次又一次的挫折，苦难在他们的面前变得微不足道，他们懂得把每一次的苦难变成下一次成功的经验。

苦难是上天对人们的考验，倘若你成功地跨过去，就能迎来新的生活。反之，只能永远生活在水深火热之中。为了美好的生活，你为何不勇敢一点呢？

人生的过程必然坎坷，可是经历本身却能让你变得更好。哪怕结果不如预想，也有其发生的必然原因。可以肯定的是，它一定会比你想象的更好、更恰当，也许当时的你还不懂得，但当你到达终点时终究会明白一切都是有意义的。

只有经历最严酷的考验，才看得到最极致的风景。

第五章

坚持：

努力到无能为力，拼搏到感动自己

31. 所有洪荒之力的背后，都是生不如死的坚持

生活是公平的，它给了你苦难，同时也会赋予你更强的能力。问题的关键只是在于你如何看待这些苦难，是否懂得从困境中谋求改变。

我们经常能够看到这样一群人，他们习惯了一帆风顺，一旦生活有稍许不如意，就会牢骚满腹，或者是一蹶不振，甚至放弃生命。

前段时间我就曾看过这样一篇报道：

一位22岁的女大学生毕业后顺利进入了一家日企上班，然而工作仅仅一周后，这位被朋友们评价“文静、开朗”的女生就因为工作压力太大而选择了跳楼轻生。

类似的事件屡见不鲜。这既让我们感到痛心，也给我们带来了更多关于人生的思考。为什么自杀事件越来越多？为什么现代人承受挫折的能力越来越差？归根结底，大多数人的思维模式是一种“受害者”模式，而不是“责任者”模式。在他们看来，他们所受的一切苦难都是因为外界的原因造成的——外界的竞争压力太大、外界能够帮到自己的太少、社会的生存压力太可怕……

将所有的责任都推给了别人，自己的受害者情绪会更加严重，这只会使情况变得越来越糟糕。相反，如果把自己当成一切问题的根源，也把自己当成问题的答案，对自己的人生负起责任，结果就会大不相同。

在这个世界上，没有任何一个人能够随随便便成功，但凡成功者一定比别人多经历了更多的痛苦，比别人多想更多，多做更多。

人的一生的确会经历大大小小无数次挫折与失败，怎样对待这些挫折与失败关系着我们今后走的路。要有坚定的信念，要有能抗住这些痛苦与失败的能力，唯有这样我们才能走得更远。

在2016年里约奥运会上，中国女子游泳运动员傅园慧赛后接受采访时，各种夸张可爱的表情被网友戏称为“移动的表情包”，迅速火遍全国。她被网友誉为奥运场上的“段子手”。但傅园慧不仅仅是个“能说会道”的段子手，还是一个不折不扣的励志女神！

5岁时，傅园慧因为哮喘病被父母送进杭州陈经纶体校练习游泳，目的只是为了增强体质，减少哮喘复发的次数。令人惊喜的是，傅园慧十分喜爱游泳，并且在游泳领域显示出了过人的天赋。很快就进入了杭州市游泳队，成为其中的一员。

在2011年的世界青年游泳锦标赛上，她获得了100米仰泳亚军。出色的表现让大家期待她在2016年奥运会上的表现。

然而她向胜利前进的过程并没有想象中那么顺利。先是腰部受伤，忍受着痛苦的同时还要兼顾训练；紧接着，她的主教练徐国义因病住院，她不得不重新适应新的带训方式，这严重影响了她的训练进程；傅园慧一直带病训练，有时候，训练强度大了，淋巴会发炎，疼痛难忍。

2016年4月份，全国游泳冠军赛暨奥运选拔赛在佛山举行。此时中断系统训练半年的傅园慧在半决赛中以第七名惊险晋级，在决赛中以第八名垫底，险些错失参加里约奥运会的机会。

场下，傅园慧自觉发挥不好，发微博调侃自己说——“抱怨归抱怨，段子手可一直没放弃。”她为了恢复得更好，参加高强度的恢复练习，即使痛到抬不起手臂，每天针灸，她也不放弃，并鼓励自己“最重要的是不要放弃自己，因为当你跨过这条鸿沟，走过这片黑暗，必将浴火重生！”

在奥运会女子100米仰泳比赛中，傅园慧惊险夺得中国女子仰泳在奥运会上的首枚铜牌！赛后，一向表情丰富的她难得正经地说：“我还是想对以前那个在绝望边缘挣扎的自己说，你以前的坚持和努力都没有白费。虽然今天不是冠军，但我已经超越了自己一次又一次。”

要想获取成功就必须扛住人生的各种逆境。人们之所以觉得伟人强大，不仅是因为他们取得了常人难以企及的成就，更是因为他们在面对困难时的那份从容和淡定。生活中有一座座险峰，要想取得成功，就必须不怕曲折坎坷，不惧路远山高，一路拼搏。

西汉时期，司马迁与李陵是至交。李陵谦和仁爱，并继承了其祖父李广的英勇，能骑善射，有着万夫难当之勇。

匈奴时常扰乱边疆，武帝就命李陵出兵征讨。李陵领命出征，不料却中了匈奴诡计，兵败如山倒。在几经突围失败之后，李陵选择了投降。

堂堂将军投降，这对武帝来说简直是奇耻大辱。满朝大臣纷纷上谏，认定李陵有罪。司马迁却深知李陵勇敢、善战、爱部下，所以当汉武帝问他意见时，司马迁很坦诚地说：“李陵投降必有原因，说不定是一种计谋也未可知。现在朝廷中有许多人讲李陵的坏话，只是因为他平时不会巴结，不会依傍。就算他是真投降，无论如何，也已杀了那么多匈奴人，对得起国家了。”

汉武帝听到司马迁这样为李陵开脱，大发脾气，认为司马迁不但在为李陵讲情，更是在讽刺满朝文武，立刻把他关入牢房，处以宫刑。

司马迁受到这种奇耻大辱，本想一死了之，可他想起父亲司马谈的遗言，又想到未完成的史书，就化悲痛为力量说：“死有重于泰山，有轻于鸿毛。自古以来，只有最不平凡的人，才能忍辱偷生，发愤著作，永垂不朽。”

在狱中，司马迁忍痛发愤著作，以便完成自己的毕生志愿。最终司马迁凭借前期大量的积累和自己的亲眼所见，写下了一百三十卷的《史记》。这是中国历史上最伟大的史书，也是后代正史的蓝本。司马迁为中国历史做出了不可磨灭的功绩，青史留名！

如果从挫折的角度讲，司马迁的遭遇可谓是极大的不幸。但是这种不幸并没有成为他消沉的理由，反而成为激发他不断前行的动力。受此大辱之后有些人会选择一死了之，但是司马迁选择了在困难和不幸中抬头前行，选择了沉默和忍耐。正是他的勇敢，才给世界历史留下了《史记》这样光耀千古的传世巨著。

那些最美好的追求，那些对未来最真挚的许诺，这所有的一切很难，也很简单，只要做到不妥协、不放弃，坚持下去，然后就可以静静地等待成功。

32. 没有比人更高的山，没有比脚更长的路

世上无难事，只要肯登攀。路是我们自己选择的，需要我们自己走完。我们不求伟大，也不甘于平庸，但求精彩的一生。

如果我们去问那些赫赫有名的成功者："生命的意义在哪里？"他们绝对不会说是赚钱，也绝对不会说是成功，换句话说，在他们的意识里，我们衡量他们成功的标准，不是他们衡量生命的标准。从公认的成功者中，我们可以发现，他们不是继续追求下一个更宏伟的目标，就是做着各种慈善事业，再或是为有志青年提供实现梦想的平台。

由此，我们能总结出一个结论，那就是生命的意义不在于结果，而是追求的过程。成功那一刻的荣光确实很难忘，但却是短暂的，最值得我们回味的永远都是追逐的过程。而我们的一生，就是在不断地登上更高的山峰，踏上一条又一条前行的路。古人讲，读万卷书，行万里路，学历高不代表一个人有能力，不懂得实践，无异于纸上谈兵，一点儿用处都没有。

生命的意义就在不断求索的过程中，这其中的生命体验，是值得我们用一生去品读的。只有这样的状态，生命才是精彩的、有意义的。"梦想"

二字在实现后，就是一个普通的名词，只有在它还没有实现的时候，在我们苦苦追寻它的时候，才最具有光辉色彩。

与一般的成功者不同，壮士把生命慷慨地投向精神追求，他们的行为不符合普通生活的逻辑常规。但正因如此，他们以一种强烈的方式，提醒人类超拔寻常，体验生命，回归本真。他们发觉日常生活更容易使人迷路，因此宁肯向着别处出发。别处，初来乍到却不会迷路，举目无亲却不会孤独，因为只有在别处才能摆脱惯性、摆脱平庸，在生存的边界线上领悟自己是什么。

领悟了自己还应提醒别人。奥林匹克精神照耀下，各民族健儿的极限性拼搏是一种提醒，始终无视生死鸿沟的探险更是一种提醒。作为一个人，能达到何等的强健，强健到超尘脱俗，强健到无牵无挂，强健到无愧于祖先和山川。

壮士不必多，也不会多。他们无意叫人追随，却总是让人震动。正如介绍探险壮士余纯顺的电视节目中，一位年轻的新疆女司机说："我在车上看着这个上海男人的背影，心想，以前自己遇到的困难都不能叫困难。"于是，这位女司机跳下车来，向他走去，与他同行了很久，很久。

这是余秋雨先生在上海举办的"探险壮士余纯顺摄影遗物展览"写的序言中的一段话。

余纯顺一生中走过 8 万多里路，鞋码从 41 号变成了 43 号，留下了 40 多万字的游记，8000 多张照片，150 多场题为"壮心献给父母之邦"的演讲。他在这场生命旅途中有过怎样的生命体验，虽然无法用这些数据体现，但是我们可以通过"探险壮士余纯顺摄影遗物展览"看出，他曾为我们留下的生命启示蕴含着怎样巨大的力量。

很多人不喜欢冒险，不喜欢出走，可是不如此又怎么发现生命的美好呢？事业也好，梦想也罢，如果没有充足的人生经历做支撑，又怎么会获得成功呢？我们看看世界首富、亚洲首富、内地首富，他们哪一个不具备冒险精神，不具备前瞻意识？而这些是一个偏居一隅闭门造车的人能够做到的吗？

我们怀抱远大的理想并不是一件值得炫耀的事，我们要能够走出去，既要读万卷书，还得行万里路。只要我们肯攀登，只要我们肯涉足，就一定会征服路上所有的障碍，走向最终的成功。

唐朝的鉴真和尚自幼饱读经书，精通佛法，在当时很受欢迎。那时有两名扶桑的僧人慕名而来，聆听大师讲法，最后希望鉴真和尚能够东渡扶桑弘扬佛法。对于此事，鉴真和尚自是不会拒绝，便欣然应下。当时弟子都劝他不要去，以免遭遇不测。鉴真和尚的回答是：“为大事业，何惜此身！”

后来，因为天气缘故，鉴真和尚先后两次东渡都未能成功，最后一次被困孤岛，导致双目失明。这样的打击并未使他打消东渡的念头，反而更加坚定了他弘扬佛法的信念。

自此以后，鉴真和尚又先后6次东渡，前5次都以失败告终，终于在第6次到达扶桑。

鉴真大师将我国的佛教思想传到了东洋，促进了两国之间的佛学交流，同时自己也得到了当地人们的尊敬，名垂东洋扶桑。

梦想，对于一个人的重要性不言而喻，它会激发一个人的无限潜力，真正拥有梦想的人，在追求梦想的路上，是不会感到痛苦的。虽然会有挫折，但那都是一种历练，会使我们更加沉稳、成熟，我们也会变得越来越从容、越来越淡定、越来越睿智、越来越富有魅力。这种通过人生经历沉淀而来的优雅气质，远非整日浓妆艳抹，东施效颦所能比拟的。

让我们在走过的路上，能有资格指引后生；让我们在成功后，还有东西值得去回忆；在我们即将离开人世的时候，还能有勇气说一句：“这世界，我来过！”

33. 当你在抱怨空调太凉时，却还有人在烈日下奔跑

当你觉得不幸的时候，还有比你更不幸的人。每天都有人失恋、破产、痛苦、绝望，也有人发财、恋爱、幸福、开心。如果你死了，就看不到这些了；活着，才能改变一切。

当你抱怨路不好走的时候，有的人却连腿都没有。

出生于澳大利亚的约翰·库缇斯，是世界公认的超级励志大师，他天生残疾，下肢没有发育。

从出生那天起，厄运就伴随着他——医生断言他活不过一周。父亲悲伤地为他准备了小棺材和小墓地，但他却意外地活了下来。后来上了学，在学校里，靠手支撑身体走路的他成为很多调皮孩子的捉弄对象。

有一次，几个孩子用绳子把他捆起来，用胶布封住了他的嘴，把他扔到垃圾桶里，然后在垃圾桶外点起了火。幸好，一位老师及时把他救了出来，否则他一定会被活活烧死。到了高中，顽皮的学生更是变本加厉地欺负他。有一次在课上，他去上厕所，昏暗的楼道中每用手移动一步都能感到锥心的疼痛，等到了光亮处一看，他的双手扎满了小石子。最可怕的一次是在

他十七岁那年，有同学用小刀将他毫无知觉的双腿划得血肉模糊，并引起了感染，最后不得不做了截肢手术。从此，约翰便没了双腿。

十几年间，约翰有过无数次自杀的冲动，但都被母亲发现并阻止了，最后一次，母亲流泪抱着他说："约翰，你永远是上帝赐给我们最美好的孩子。"望着慈爱憔悴的母亲，听着她的鼓励和安慰，约翰决心永远放弃自杀的念头。

高中毕业后，他想自食其力。几经周折找到了第一份工作，每天早上四点半起床，先坐火车赶到镇上，再爬上滑板赶到几公里外的工厂去上班。日子虽苦，路途虽艰辛，他却乐此不疲。

虽然只有半截身体，但没能影响约翰对运动的喜爱，经过刻苦训练，他不仅可以自如地打网球，还获得了澳大利亚残疾人网球赛的冠军。后来，在一次偶然的公开演讲上，他用自己的经历感动了在场所有人，由此走上了演讲励志之路。同时他还收获了爱情——因帮助患有自闭症、肌肉萎缩症、大脑内膜破损和心肌功能障碍等病症的儿童克莱顿，他结识了克莱顿的单亲妈妈里恩。

但是，就在约翰与里恩订婚准备步入婚姻殿堂的这一年，不幸再次降临到三十岁的约翰身上，他被确诊患了睾丸癌。

为了保住性命，约翰不得不摘除睾丸，同时，医生还向他宣布了他的死亡期限：最多只能活两年。短短的悲伤之后，约翰再次选择了与命运抗争。除了阅读大量的关于癌症的书籍外，他到处向专家和其他癌症患者咨询，并积极配合医生进行治疗，经过一年多的抗争，次年五月，医生发现约翰竟奇迹般地康复了！

在又一次打败死神之后，他与里恩终于喜结连理。

虽然无法成为真正的父亲，但约翰一直把克莱顿当成自己的亲生儿子，并经常这样鼓励克莱顿：“你一定会成为这个世界上最棒的人！”

在真正的苦难面前，再华丽的语言也显得苍白无力。然而，当绝望到没有活下去的理由时，依然选择坚强地活下去，并且照样活得精彩，这便是一种无人能敌的勇气！如果你还能埋怨自己没有鞋子穿，那你依然是幸运的，因为世界上有很多人甚至无法拥有一双能穿鞋子的脚！

34. 即使被踩进泥土，也不能甘心变成泥土

不要惧怕失败，即使被踩进泥土，也不能甘心变成泥土，要成为破土而出的鲜花，从绝望中寻找希望！

在这个世界上，无论做什么，都会遇到很多困难，没有谁能一帆风顺。有些时候，我们所遇到的困难，可能大得超乎我们的想象，超乎我们的承受能力。但在通往梦想的路上，只有困境，没有绝境。你觉得绝望，只是因为你有绝望的思维，只要你的心灵不曾怯懦绝望，哪怕是再让人胆战心寒的绝境，也会一跃而过。

境由心生，所谓的绝境，只不过是自己想象出来的，是在给自己的梦想设限。

人在追求梦想时，总要面临各种困境的挑战，甚至是“鬼门关”。这没什么可怕，也实属正常。关键在于你对困难持什么态度。面对“鬼门关”时，你是吓得浑身发抖，还是把困境变为成功的跳板？

听过掉进枯井的驴自救的故事吗？

从前，有一头驴不小心掉进了一口干枯的井中，一农夫见驴掉了进去，

就千方百计地想将驴从枯井中救出来。可他忙了半天，也没能成功。

而驴则不停地在井里哀号。农夫实在没办法将驴从枯井中救出，就决定放弃这头驴，但又不忍心让驴在死前还要忍受长时间的煎熬，就决定将枯井填平。这样，也可以避免其他动物不小心掉进井里。

于是，农夫就叫其他人帮忙填井。大家向井中填了一会儿土，就听不见井里驴的哀号了。

“是不是驴被泥土埋住了，所以就不叫了？”农夫有些伤心，也有些好奇。他走到井边，取来手电向井中张望却发现：泥土落在驴背上时，驴就会将它抖到脚下，然后，它不停地挪动腿脚，让自己站在刚抖落下的泥土上，这样，它就会离井口越来越近。

农夫高兴地向众人说了井中的情况，大家听了十分开心，继续向井中填土。最后，驴终于慢慢升出了井口，大难不死。

在生死关头，很多人会失去信心，但在关键时刻，一头掉进井中的驴却依然拥有一定要走出井口的念头，用自井口上飞下的泥土作为上升的台阶，将泥土一点点踩在自己的脚下，以此来抬高自己，一步步接近井口，并因此得救。

与其说是人们向井中所填的土救了它，不如说是因为它的不放弃与坚强的意志救了自己。

大凡成功的人，没有哪一个不曾陷入困境，甚至是绝境。在苦难和绝境面前产生动摇的念头，是很正常的。但是，每一个成功者，都要把那个小小的念头按住，然后，设法走出去。

松下幸之助小的时候家庭富裕，他的父亲拥有150亩地，有7个佃农耕种，但在松下幸之助5岁时，他的父亲做稻米期货交易破产，家境一落千丈，生活一下子拮据起来。

为了还债，家里被迫卖掉了一切值钱的东西，十口之家还搬进了一间简陋的出租公寓里。生活没了保证，吃饭也成问题。由于没有足够的食物，孩子们开始陆续生病、死亡。

为了生存下去，松下幸之助从 9 岁起就开始给别人当学徒工，但一直体弱多病。家庭的贫困激起了松下幸之助的创业梦想。当他决定创业时，他手上只有 100 元，连一台机器都买不起。

为了渡过难关，他不得不将妻子的首饰和衣服送进当铺。创业期间，又陷入很多难以想象的困境，但无论遇到什么样，无论处境是多么让人迷茫、困惑或痛苦，他都坚持了下来。

最终，松下幸之助挺了过来，实现了他幼时的梦想，缔造了一个庞大的电器帝国。

经历挫折与困境，不一定是坏事，只要设法走过，就会多一份阅历，多一种经验。

巴尔扎克曾经说：“苦难对于天才是一块垫脚石，对于能干的人是一笔财富，对于弱者是一个万丈深渊。绝境能造就强者，也能吞噬弱者。”

山重水复，看似无路，其实总有出路，所以在遇到困境的时候，要懂得正确面对；要在忍无可忍时，学会咬紧牙关，拼尽全力去坚持；要在看似绝望的时候，抱着天下没有过不去的坎、没有翻不过的山的态度，信心百倍地走过困境。

很多人一遇到困难，就心慌意乱，不知所措。遇到困境的时候，一定不能着急，因为往往你这个时候着急已经没有什么用了，先静下心来，换个角度、换个思路思考一下，很多时候都能想出绝妙的注意，豁然开朗，绝境逢生。

不管在通往梦想的路上，遇到的困难与挫折有多大，都要咬紧牙关挺过去，挺不过去你就永远只能仰望别人的成功；挺过去就会走出阴霾，迎来新生。

“雄关漫道真如铁，而今迈步从头越。”不管在通往梦想的路上，遇到的困难与挫折有多么难以克服，都不要绝望。感觉日子难过时，要相信，所有的困难与挫折都算不了什么，总有一天，我会与梦想一起向着辽阔无垠的天际飞翔！

35. 与其悔恨今天，不如用梦想坚持明天

有梦想的人生是幸福的，有梦想的人生是充满希望的，高远的梦想可以激发一个人的勇气和毅力，这才是诠释人生、圆满人生的最佳捷径。

小和尚按照师父的吩咐下山化缘，心里很不情愿。却在回来的路上看到一件很有意思的事，他突发奇想，想拿这事回去为难一下师父。一想到师父为难的样子，小和尚心中不由得欢畅了起来，加快了脚步。

一到寺院门口，小和尚就闻到一股清新的茶香。“师父，你怎么知道我回来了？”小和尚来到方丈跟前，坐了下来。方丈不言语，只是微微笑着，给小和尚倒了一杯茶。小和尚一边喝着茶，一边和方丈说着山下的事，忽然想到了山下那件有趣的事，就嚷道：“师父，什么是团团转？”

“皆因绳未断！”老和尚淡淡地回答道，随手又给小和尚斟满了茶水。

小和尚一听方丈的回答，顿时惊呆了，方丈也疑惑，不由问道：“何事让你如此惊讶？”

小和尚回过神来，喝了口茶水，说道：“师父，您是怎么知道的？我化缘回来的路上碰见一头牛被拴在树上，它围着树吃草，一会儿就把身边

的草吃没了。它想吃远处的草，可绳子短，它又够不着，就在那不住地转，脱不了身。我看着挺有意思，以为师父您一定没见过，就想回来考考您，谁知您一下就回答上来了。”

方丈听完小和尚的话，笑了笑，说道：“痴儿啊，为师说的是理，而你说的是事，世间一切事物，理都是一样的。”

被拴住的牛从最近的地方开始吃草，等把身边的草都吃没了，才会挪地方。它转着圈吃草，绳子就会在树上缠了一圈又一圈，越缠越短，牛吃草的空间就会越来越小，到最后，牛吃不到草，只能团团转了。

其实，团团转的不光是牛，还有我们。我们经常被眼前的事物所羁绊，而忽略了真正有价值的东西。人生的意义莫过于追求自己的梦想，我们应该为之不懈努力。可很多时候，我们在前行的路上，会遇到各种各样的障碍，意志不坚定就会被这些艰难困苦吓倒，选择退缩和放弃。就像那头牛一样，贪图眼前的安逸和舒心，结果被绳子所羁绊，最后只能把自己的世界越转越小。

我们因为害怕前路的艰辛，才会追问成功的捷径。可所有的事实告诉我们，成功没有捷径，它只需要你毫无杂念的坚持以及一往无前的勇气。

自古以来，成功的路就在我们脚下，成功的秘密就是认清目标、不懈努力。这些真理不会因为时代的变迁发生改变。

老师布置了一篇作文，题目是“我的梦想”。一个叫作蒙提的孩子，花了一个晚上的时间，认真地描绘出了自己的梦想：我想拥有一座属于自己的大农场，还要在农场的中央建一座超大的城堡。他还画了详细的设计图。

可是，第二天阅卷老师却给了他一个“不及格”，并且让小蒙提下课后去办公室见他。小蒙提带着满满的疑惑来到老师的办公室。一进门，老师就说道："亲爱的孩子，你这么小的年纪，就开始好高骛远，这怎么行呢？你没钱，家境也不好，一无所有。想一个你能实现的梦想，好吗？"老师拍了拍小蒙提的头，"如果你重新写一篇实际一点的作文，我会考虑重新给你打分。"

小蒙提感到十分沮丧，他回到家向父亲说了今天的事情。父亲慈祥地说道："孩子，这种事情需要你自己做决定，我们都无法左右你的选择。"

看着父亲鼓励的眼神，小蒙提决定不重新写作文。他找到自己的老师说："老师，很抱歉，我想坚持我的想法，即使是不及格，我也不会放弃自己的梦想！"

很多年以后，在他们那个小镇上，真的出现了一个占地200多亩的大型农场。人们远远地就能看到农场里的那座城堡，而这个农场的主人叫蒙提。当年的老师见到蒙提后，惭愧地说："当初，我打击了你，幸好你坚持了自己的梦想。"

有梦想并不懈努力的人，无论他们成功与否，都值得我们敬佩。但有些人瞧不起那些为自己的梦想而努力的人，甚至会笑话他们——梦想带给你的就是这样的生活？

人生就是这样，你可以选择满足物质生活，还是精神追求，但很难两者兼得。梦想是唯一满足这一条件的，梦想的意义也在于此，我们没有理由不为之奋斗。那些嘲笑别人的人，是惧怕困难、懦弱胆小的人。

嘲笑为梦想而生的人，往往在别人获得成功，实现梦想后，会出现极大的失落感，开始抱怨这个世界为何如此不公平、为何如此的残酷。其实，仔细想想，为什么成功的不是这些人呢？是不是他们在惧怕艰难困苦的同时，内心被许多繁杂的东西占据了呢？生活中，他们没法和那些成功的人比，他们羡慕成功的人，嘲笑有梦想并敢拼的人；工作中，他没法和那些上进的人比，阿谀上位者，鄙视新兵、后生；人生路上，他没有远大的理想、没有拼搏的勇气，却有追逐一切的野心。他们总是希望付出比别人更少的努力，获得比别人更多的收获。

能够获得物质与精神的双重享受，是每一个人所希望的，但是不经过努力又怎么会得到呢？所以，我们要好好进行一次深刻的反思，想想自己究竟想要怎样的生活、会成为什么样的人。有梦想的人，每天都会是一样的，充满了力量与期待；拥有梦想的人，每天也是不一样的，因为每一天都会有不同的感悟，每一天都会离自己的梦想更近一些。

36. 所谓的放手一搏，就是永远不死心

谁的人生会没有失败呢？但有谁会甘心就此一生沉寂？人生，真的该有几次放手一搏、永不死心。

人生就如同一场赛跑，试想一下，读书期间的考试排名，求职期间的升职空间都是一场赛跑。古人云：“狭路相逢勇者胜。”所谓勇者，就是敢于放下一切去拼搏的人。纵观古往今来的成功人士，几乎都有放手一搏的勇气。“既然选择了远方，便只顾风雨兼程。”同理，我们踏上拼搏的道路，只需要尽全力向目的地冲刺即可。

古时候，有一个农夫看着自己家的庄园，面露愁容。

有个路过的行人禁不住问道：“这片土地都属于你吗？”

农夫垂头丧气回答：“是的。”

行人又问道：“你是否在自己家的庄园里种上麦子呢？”

农夫更加闷声闷气地回答道：“没有，因为我害怕天不下雨会旱死。”

行人接着问道：“那么，你种上棉花了吗？”

农夫回答道：“没有，我忧心虫子会吃掉棉花。”

那个行人无奈地问道：“那你究竟在你的庄园里种了什么呢？”

农夫更加烦躁地回答道：“我什么都不敢种，因为我非常害怕遭受损失。”

不敢冒险的人，可能就会像这位农夫一样，虽然没有失去，却也一无所得。

很多时候，你可能根本不知道，到底哪一条路才是真正正确的，才是最有可能使自己快速走向成功的。你唯一可以确定的是，如果静待下去，可能就是一场沉沦，那么这时候，你就要给自己打气，告诉自己鼓起勇气奋力一搏。

他在城市中的小镇里长大，家境并不富裕，从小喜欢唱歌，对音乐情有独钟。为了实现自己的梦想，他一直在坚持学习歌唱。读大学时，他会利用周末和节假日的时间在酒吧里唱歌，练习唱功，提高自己的音乐素养。

有一天，在和朋友逛街时，他看到了一个音乐选秀节目的海报，便抱着试一试的态度报了名。谁料，在这场竞争激烈的比赛中，他竟凭借超强的实力一路过关斩将进入决赛！在决赛中，他凭借自己的一首原创歌曲夺得了那场选秀歌手大赛的总冠军。

在别人眼里，他是个幸运儿，首次比赛便一举夺魁，让人羡慕不已。在许多人看来，他是一颗冉冉升起的新星，注定要一路闪耀下去，也许某一天就会成为超级巨星。带着十足的自信，他与一家大型的娱乐公司签约了。但命运总会有一些小插曲，签约后，公司并没有在他身上倾注太多的心力，以至于在新人不断涌现的情况下，他的前途一片渺茫。

在这段时间，他的生活捉襟见肘，买一件衣服都要和老板讨价还价。作为一名艺人，他的处境非常糟糕。更糟糕的是，在他的第二张专辑发行时，公司进行了人事调动，原来对他还稍有照拂的两位老总先后离开了这家公司，他在公司的处境变得更加艰难。经纪人被无故辞退，刚刚制作出的专辑质量也十分堪忧。当他拿着这张新专辑去找新老总时，得到了这样的答复："你觉得你还有机会唱这些歌吗？你可能没有做明星的潜质吧。"老总的不屑一顾让他备受打击。

这时的他非常迷茫，找不到方向，不知道如何面对未来。为了维持生计，他只好回到原来驻唱的酒吧，去那里唱歌，想要继续生活下去。

有一天，他又变得开心起来，因为他突然发现一个著名电视台要举办一场更大规模的选秀比赛，许多当红歌手都是通过这个比赛实现自己的音乐梦想的。他非常想参加，但这时候，他的好友们都给出了反对意见，因为他曾是某选秀节目的冠军，而且已经发过两张专辑，肯定不会再得冠军，如果中途惨遭淘汰，那就永无翻身之地。

对于当下的这种局面，他不是没有顾虑，也为此考虑了很长时间。如果不能取得好的成绩，他不仅名誉扫地，之前的努力也将全部白费，而且他还会像普通人一样湮没在浩浩荡荡的人群中，这一切都将把他打入无底深渊。

然而，最后的最后，出于对音乐梦想的坚持，他战胜恐惧，并决定勇于面对即将到来的一切。这一次，破釜沉舟，放手一搏。他的好友们得知他参加比赛的事后都无可奈何，只希望他一路顺利。

最终，他没有被命运打败，凭借勇气和实力，他最终以第四名胜出。

他就是歌手张杰。一路走来，他用自己的全部人生书写了一个奋斗的故事。而从他的奋斗史中，我们也可以看出，在面临人生抉择的时候，在紧要的关头，不要怕输，要敢于鼓起勇气去迎接挑战。

年轻人出现的焦灼与烦躁是因为年少无知或初出茅庐还找不到一个合

适的出口，正如巴菲特所言：“当你感到迷茫的时候，恰恰是你找到正途之前必经的道路。”这是所有人都曾经历的一个过程，就像人们已经习惯了一年四季的运转规律，不会因为贪恋春天的美好就对其念念不忘。

当你寻找到适合自己的道路时，勇敢一点，丢下踌躇和犹豫，放手去做吧！失败了也别怕，擦干眼泪、抹去汗水，接着踏上征程，只要你坚持，再黑暗的夜也能迎来曙光。

37. 强者不是没有眼泪，只是含着眼泪仍在向前奔跑

与其在苦难中一蹶不振，不如在苦难中选择微笑。

为什么有人会觉得生活很苦闷？那是因为将受苦太当一回事了，也就是说，太看重苦闷这种状态带给自己的影响。人们常说苦乐人生，人生中的苦难原本就无法避免。在遭遇苦楚的时候，要学会用笑容去化解。

一位商人由于经营不善欠下了一大笔债务，在得知他没有偿还能力的情况下，借债人纷纷前来讨债。巨大的压力之下，他已经到了崩溃的边缘。无奈之下，他萌发了结束自己生命的消极念头。

这时，苦闷至极的他想到了大学时期的一个哥们儿。他们曾经相当要好，但随着商人不断地往上爬，与朋友们的联系也变得越来越少，只是得知他在一个很偏僻的地方开了一家小农场。

于是他几经辗转找到了那个农场。当时，正值盛夏，农场里种植了一大片西瓜。朋友见他到来自然是十分高兴，热情地摘了几个西瓜请他品尝。

对身边的事物好久都提不起兴趣的商人吃过西瓜后对西瓜的味道赞叹不已，就顺口说了一句："种这些西瓜应该很容易吧。"

朋友笑着说：“4 月播种，5 月锄草，6 月除虫，7 月守护……有一年，就在收获前，一场冰雹打碎了我的丰收梦；还有一年，西瓜花大量盛开的时候，一场洪水让这一切都泡汤了……”

商人听完后，联想到自己的遭遇，不由得感慨了一声：“真不容易呀！”朋友笑着回答：“其实，和老天爷打交道，吃一些苦头是再正常不过的事情。没有经过暴晒和雨淋的西瓜，味道肯定不是最甜的。”

商人若有所悟，紧锁的眉头也舒展开来。回到家里，他咬紧牙关，将这次的不顺和困苦当作人生的一场考验，终于重新崛起，成为一名现代化企业的老板。

苦是人生的一种自然姿态，有苦才能知道甜是多么的美妙。选择以苦为乐，用笑容来化解痛苦是一种大智慧。

在我们的一生中，总会遭受各种各样的苦难或挫折，可是当面对苦难时，你无论如何也不能轻易否定自己的能力或没有尝试就认定自己做不到。用苦中作乐的心态来面对苦难，生活将会带给你不一样的惊喜。

莎士比亚曾经说过：“聪明人永远不会坐在那里为他们的损失而哀叹，却用情感去寻找办法来弥补他们的损失。”

蒲松龄 19 岁那年初应童子试，最终以第一名的身份考中了秀才。他的文章深受当时的山东学政愚山先生的赏识。

没过多久，蒲松龄一家便分家了，而分家分得又不是很公平，他的两个嫂嫂能打又能抢，而蒲松龄的妻子刘氏非常贤惠。无奈之下，蒲松龄开始了自己长达 45 年之久的教书生涯，而这种生活只能补贴自己的一些开销。到了 30 岁以后，父亲去世了，他还要赡养他的老母亲。

在这种苦闷的日子里，蒲松龄并没有唉声叹气，而是选择了另外一条可以缓解自己压力、展示自己文学才华的道路，那就是写鬼怪小说，这就是我们熟知的《聊斋志异》。关于这本书的成书过程，有一个很有意思的传说：蒲松龄为了写《聊斋志异》，在他的家乡柳泉旁边摆茶摊，请过路人讲奇异的故事，听完了回家加工，就成了《聊斋志异》。

这种说法是站不住脚的，鲁迅先生对此已经分析过了。蒲松龄一生穷苦，过了不惑之年依然“为稻粱谋”，基本不太可能悠闲地摆摊请人喝茶。

但是，就是在这种生活中，蒲松龄也并没有悲观，而是不管听到什么人说稀奇的事，他都收集起来整理写作。就在这些稀奇古怪的故事中，蒲松龄找到了自己的快乐之道。

当不止一次的落榜让蒲松龄几乎失去了科举信心时，他没有逃避，他选择了苦中作乐。一位作家曾经说过：“命运总是喜欢让伟人的生活披上悲剧外衣，并且在他们前进的道路上设置重重障碍，以便让他们在追求真理的征途中锻炼得更加坚强。命运戏弄着这些伟大的人物，但这是有补偿的戏弄，因为艰苦的考验总会带来好处。”

在苦中作乐，把苦难当成一种经历，快乐地去“享受”时，我们就会真的快乐，并找到一条辉煌的路。这个过程虽然有些慢，但挺过来就是胜利。

38. 坚持就是，他用一根手指建造了一座大桥

不要只因一次挫败，就忘记你原先想要达到的远方。只要坚持，梦想终将到达。

在通向成功的路上，最可怕的不是成功的道路有多少艰难险阻，而是在路途中半途而废。在朝目标前行的过程中，总是有人成功、有人失败，有人将这归结于个人能力。但是很快人们就发现，最终站到成功顶端的往往不是那些聪明绝顶的人，而是那些认定了目标就决不放弃的人。

约翰·布罗林是一个极具创造精神的工程师。1883 年，他决心建造一座横跨曼哈顿和布鲁克林的大桥。大家都不看好他的这个决定，因为在当时的桥梁建筑专家眼里，这是一个极其天真的想法，是一个不可能完成的任务，他们都奉劝他不要做无谓的努力，趁早放弃。但是这个计划得到了同样是桥梁工程师的儿子，华盛顿的支持。父子两人为了继续这项不被看好的工程，到处游说那些愿意投资的银行家，并最终得到了他们的支持。

然而，在大桥开工 2 个月后，发生了灾难性的事故。作为总工程师的布罗林不幸身亡，作为他最重要的助手、儿子华盛顿也在这次事故中受了

严重的伤。当负责工程的两个最主要的人物无法工作时，大家失望的情绪慢慢蔓延，所有人都认定这次计划肯定就此泡汤了，已经没有人能继续建造这座大桥。

可是，在这次事故中丧失了说话和行动能力的华盛顿没有丧失信心，依旧坚持继续这个计划。他坚信自己能够完成这座付出了父子俩巨大心血的大桥，他相信自己一定能够找到解决的办法。

虽然不能行动不能说话，但华盛顿顽强地依靠那根唯一能动的手指跟人交流。于是，他就用那根手指通过敲击的方式把设计意图传达给工程师。建桥花费了整整13年的时间。一根手指建造了一座雄壮的布鲁克林大桥，堪称建筑史上的奇迹！

人们除了赞叹大桥的雄伟壮观之外，更惊叹于建筑师惊人的毅力。当放弃和失败的声音在身边环绕不去的时候、当觉得无路可走的时候，要学会对自己说："不要气馁，不要因为一时的挫折，就放弃了远方。"

在放弃中失败的人，其实不是败给了现实，而是败给了自己；那些不断坚持，最终取得成功的人，他们收获到了远比成功本身更为重要的财富。

他曾经是位英雄，后来，他成了中国最具有争议性的财经人物之一。20世纪70年代末，他在一家名不见经传的小厂担任厂长。在随后的将近20年时间里，他卧薪尝胆，披荆斩棘，以非凡的胆识和能力，使这家小厂成长为每年利税数百亿元的大型集团，成就"中国烟草大王"的威名。

由于企业效益突出，在那个普遍工资仅有几百元的年代，他们厂一个普通职工的工资都能达到惊人的四五千元。1994年是他最风光的一年，这一年他当选为"全国十大改革风云人物"，甚至成为烟草行业的"教父"，所有的荣誉都滚滚而来。然而，他对企业的巨大贡献并没有为他个人带来足够的利益，18 年来他的总收入不过百万。个人收入与自我贡献的巨大落差使他心理严重不平衡，而当时的环境也缺乏有效的监督机制，由此他辉煌的人生之路渐渐偏离了航向。1995 年，一封来自河南三门峡的举报信终结了这一神话。同是这一年，他的女儿被关在洛阳监狱，在狱中自杀身亡。这对于一个 60 多岁的老人来说，不可谓不是他这一生中摔得最痛跌得最惨的一跤。1999 年，因为贪污 174 万美元，被判无期徒刑，此时，他已经是 71 岁的老人了。

许多人为他惋惜，认为他这辈子完了。但出人意料的是，这位老人并没有垮掉。他获得了减刑，无期徒刑改为有期徒刑 17 年。两年后，2002 年他因为严重的糖尿病获批保外就医，回到家中居住养病，但活动被限制在老家一带。按大多数人的想法，他能在老家颐养天年，这是最好的结局了。

然而，谁也没想到，就在回家养病的这一年，他承包了一片 2400 亩的荒山，种起了橙子。他用了以前管理烟厂的办法，采用和果农互利的方式来经营果园。10 年后，这 2400 亩“雷响地”成为拥有 35 万株冰糖橙，固定资产 8000 万元，年利润 3000 万元，拥有完备水利设施和道路规划的现代农业示范基地。这位 84 岁的老者再次成为亿万富翁。

他就是褚时健，从“烟王”变“橙王”，他虽经历失败、历经人生低谷，但“老骥伏枥，志在千里”，他以坚毅的品格再次走上人生巅峰。

如果不曾经历一两次失败，人生又怎能完整呢？站在十字路口，最要紧的不是慌乱迷茫，而是用心接受跌倒。你不妨去亲吻这次伤痛，重整旗鼓。

39. 逆转，不过是比谁能坚持到最后一秒

失败可怕吗？有些人爱情失败、事业失败就想不开，为什么你不想想比你更差的人还在倔强地活着？失败不可怕，只要你不服输，并坚持到最后一刻。

人生道路上从来不缺卷土重来的机会，只要你不放弃自己。创造机遇并不难，就算是垃圾桶里的垃圾也有再利用的价值。所以，面对失败，不要轻易服输，因为还有机会。

“命运注定如此”，只是失败者无聊的自慰和怯懦者的嘲讽，精彩的人生只能靠自己的意志、自己的智慧来创造。

当你满怀信心追逐梦想，却失望地发现现实的残酷，当梦想的翅翼无法承重时，该怎么办？也许，会有很多人开始沮丧，丧失对未来的信心。当你看见折翼的雄鹰仍然努力想冲进蓝天，追求自由时，你就会明白：有梦想就一定可以飞翔。

她从小就活泼好动，小时候很喜欢体操比赛，总是被运动员那曼妙的身姿所吸引，憧憬着自己有一天也能登上体操比赛的舞台。父亲也愿意帮助她达成这个梦想，于是花重金送她去体操队训练。在体操队她练得很刻苦，虽

然训练强度很大，经常累得直哭，可是她一直咬着牙坚持。但是由于体质原因，一直不被教练看好，经常受到冷落，结果，她练了五年体操，始终没有转为正式队员，只好回学校读书。她读书总是一个人默默学习，因为生性孤僻，在学校里也没有知心的伙伴。幸好，她遇到一位好老师关心她、鼓励她，让她感受到生命的温暖。于是，她以老师为榜样，期望可以成为像老师那样的好老师，得到学生的认可。但是，后来她的老师梦也破灭了——高考失利，她上不了大学，只能去中专学习。

中专毕业后，她成为一名普通工人，可她不甘心过这样的生活，又有了成为作家的梦想。她进行大量的阅读，投入大量心思写作，可是因为生活阅历少，她的写作题材范围太窄也太少，文学创作的梦想也一直无法实现，她感到无力。

后来一个机缘巧合，她又萌生了成为演员的想法，她喜欢上了舞台，觉得舞台下的欢呼和掌声能给她带来自豪感和幸福感。也许是幸运之神开始眷顾她，那年正好赶上了北京电影学院招生，她抱着试一试的念头报了名，由于没有任何表演功底，几场考试下来她都被安排在替补场。最后，她的一段命题小品"唐山大地震"赢得了老师们的好评。就这样，她踏进了演艺圈的大门，人生也就此开始改变。

随着《中国式离婚》《金婚》等电视剧的热播，她的名字被观众知晓，精湛的演技更是得到了认可和好评。她就是蒋雯丽。2008 年，因在电影《立春》中的出色表演，获得了罗马电影节最佳女主角奖！

人的一生可以做很多梦，梦碎了，就再做一个，只要不放弃。有梦想是很幸福的一件事，要不断地寻找，不断地改变出口和方向，那么就一定能让梦想飞翔。

其实，那些坎坷和挫折并不一定全是坏事。我们也不必小瞧自己的抵抗力，只有尽快从生命的不如意中走出来，才能以最好的心态面对世界，进而战胜世界！有人在磨难面前倒下了，也有人轻易舍弃了自己的生命。在惋惜之后，我们又能做些什么呢？

生命脆弱得就像清晨的露珠，美丽却易消逝，如此的不堪一击。但我们的珍惜，却能让生命迸发出耀眼的光彩。

2016年3月，国际奥委会主席巴赫向全世界宣布，将成立一支“难民代表团”。这支代表团，只有10名队员，不代表任何国家。

这10名选手中有一位名叫尤丝拉·马尔迪尼的游泳运动员。她的父亲是一个游泳教练，这让她从小就喜爱泳池，热爱游泳。

曾经，她每天必有三小时的游泳训练。她在游泳方面天赋很高，2012年，参加了世界短道游泳锦标赛，还曾在阿拉伯青年锦标赛上获得了三枚金牌。

一切都那么光明、美好，可是战争的到来却摧毁了这美好的一切。

战乱出现在她的生活中，家里、上课的学校、回家的大街上甚至训练的泳池里。由于愈演愈烈的战争，尤丝拉停止了游泳训练。

一家人迫于无奈决定像大多数叙利亚人一样逃到欧洲避难。他们坐上一艘小船，这小船装了满满20个人，出发没多长时间，就发生了故障，船舱开始进水……尤丝拉和妹妹跳进寒冷的海水，推船前进，就这样过了3个多小时，他们终于到达希腊海岸，获救了！

挫折、苦难其实一点儿都不可怕。如果你怕一无所有，不妨想想出生时你也一无所有，现在你大可以从头再来。只要不服输，哪怕仅有最后一秒，也是翻盘的机会。

第六章

选择：你选的路不一定通向梦想，却一定能通向成功

40. 从时光的手中，赢得自己

人生是一场战斗，但这是和谁的战斗呢？和命运、和梦想，还是和欲望、和诱惑，抑或是和社会、和潮流？其实这一切都是与自己的战斗。“与天斗，其乐无穷；与地斗，其乐无穷；与人斗，其乐无穷。”生命不息，战斗不止！

我们的人生就是一场战役，只有把自己战胜了，你才能所向披靡。

人生的路上，我们要像“斗士”一样，永不言败，即使争得头破血流，也要勇往直前。

顽强的意志和决心，可以让一个失去双腿的人重新站起来。

有个小男孩在山区里的一所学校上学。由于学校没有供暖设备，一到冬天就要烧老式的煤锅炉来取暖。小男孩每天都会早早来到学校，将锅炉打开，好让老师和同学们一进教室就能感受到温暖。

一天早上，他不小心引起了火灾，下半身被严重烧伤，失去了意识。

老师把小男孩送到了医院，经过救治之后，小男稍微恢复了知觉。躺在病床上，小男孩迷迷糊糊地听到医生对他母亲说：“下半身伤得太严重了，能活下来的希望很小。”

可他不愿意就这样被死神带走，他凭借自己的意志力熬过了最关键的一天。

危险期一过，小男孩又听到医生在小声地对他母亲说：“性命保住了，但他下半身遭到严重伤害，就算活下去，后半辈子也注定是个残废。”这时，他又在心里暗暗地发誓：“我不要做个残废，我一定要站起来走路！”但是，他的两条腿毫无知觉。

出院之后，小男孩只能以轮椅代步。

他的母亲每天都会给他按摩双腿，不曾间断过，但始终没有任何好转的迹象。即使如此，小男孩也从未放弃希望，要重新站起来走路的决心也未曾动摇过。

一天，小男孩在院子里晒太阳，忽然想到了什么，奋力用双手支撑着身体，离开了轮椅，拖着无力的双腿向着几步远的篱笆墙慢慢爬去。他艰难地爬到了篱笆墙，接着用手扶着篱笆挣扎着站了起来，然后再靠双手的力量，沿着篱笆墙缓慢地走着。

从那天起，他每天都扶着篱笆练习走路，一直走到篱笆墙边出现了一条小路。

谁也没想到，最后真的出现了奇迹，他能用自己的双脚站起来走路了！他就是葛林·康汉宁博士，同时他还曾经跑出过全世界最好的成绩。越是不可能的事，就越能给我们宝贵的收获。可以输给别人，但不能输给自己。人生最大的敌人就是自己。

有一个农夫，每天都要下地干活，后来他就厌烦了，于是跑到一个寺庙出家。过了不久，感觉很不习惯，又回去种地了。可是刚回去一天，就嫌太辛苦，想起了出家的好来——无忧无虑，不受劳作之苦，便再次回到庙里出家。不久之后，他再一次受不了庙里的勤修苦练，所以又找了个理由还俗了。就这样，他还俗后又出家，出家后再还俗，周而复始好几次。自始至终，庙里的住持都没有任何表示。

这一次，他在庙里待了很长时间，还不曾有过还俗的念头。可就在一日早晨，他看到一把锄头，心中一动，想起从前种地的生活，日出而作，日落而息，多么的逍遥自在。于是他不由自主地扛起锄头朝山下走去。他一边走一边想，不知不觉到了江边。望着滔滔不绝的江水，他终于下定决心："自始至终放不下的就是这把锄头。唉！人生究竟有多少的岁月可以蹉跎呢？"

决心已定，他用力地把锄头投到江中，心中所有的挣扎与彷徨随着锄头落入水中，消失不见，他的内心一片澄明。

正在这时，一大批班师回朝的将士浩浩荡荡地走来，他忽然大声喊道："你们是战胜而归吗？可惜啊！可惜你们战胜了敌人，却战胜不了自己。我一介草民，今天却战胜了天下最顽强的敌人——自己。我丢掉了锄头，放下了心中的执念，战胜了内心的烦恼，我才是真正的胜利者！"

世间最可怕的敌人就是自己，我们在不断的进取中，磨炼自己，和自己的内心作战，只有战胜自己，才是真正的胜利者。

战胜自己，其实就是战胜自己心中不好的想法，摒弃那些不良嗜好，放下那些不当的欲望，保持一颗平常心，在人生旅途中，永不言败，永不放弃，去实现自己的梦想。当我们站在终点上，回头再看，这一切都是上天对我们最好的奖赏。

别人如何打败你并不重要，重点是你不能先输给了自己。唯有战胜自己，才能立于不败之地。

41. 你的未来，从努力争取开始

如果没有开始，就不会有结束。很多人却因为害怕结束而选择了不去开始。

《滚蛋吧 ，肿瘤君》中有这样一句话：“不能因为害怕失去，就不去拥有。”但是，你可曾知道：“拒绝的本质是一种丧失，它与赞同相比，带有更冷峻的付出与掷地有声的清脆，需要果决和一往无前的勇气。”你拒绝了金钱，只能一生和清贫为伴；你拒绝了帮助，只能独自去面对困难；你拒绝了爱情，只能一个人走过人生风雨；你拒绝了亲情，世界里更多的是孤苦伶仃；你拒绝了黑夜，就看不到星辰；你拒绝了付出，常常感叹自己一无所获……

拒绝并不是一件容易的事情，甚至有时候拒绝比接受更加困难。比如人情，比如信念。倘若你固执地去拒绝一切，那么你生活里的阳光会少很多。当你心爱的小狗死去后，在经历一番失去的苦痛之后，你下定决心从此不再养狗，以为这样就不会再失去。你不用再面对小狗死亡的失去之痛了，可是你也不会得到养狗的乐趣了。

罗曼·罗兰曾经说过：“世界上只有一种真正的英雄主义，那就是认清生活的真相后依然热爱生活。”

超人气绘本达人熊顿，原名项瑶。当她知道自己患上了非霍奇金淋巴瘤这种绝症后，在住院治疗期间，就开始将自己患病以来的过程通过漫画的形式完整地记录了下来。漫画版《滚蛋吧，肿瘤君》便是她在临终之前完成的。然而，熊顿表现得非常乐观，她积极与病魔做斗争。按照她的说法，就是在生病后，每天都生活在医院里，目之所及，要么是白色的天花板，要么是护士过来给自己打针、吃药、化验。她感到这样的生活过于无聊，可是，对一个漫画师而言，这些或喜或忧的现实生活都能够为她提供绘画的素材。特别是她画漫画来打发这种无聊的时间，当身体出现病状的时候，忍耐一下就过去了。

由当下炙手可热的影视演员白百合饰演的女主角熊顿在电影版《滚蛋吧，肿瘤君》里描述各种励志场景时，让更多观众体会到熊顿的乐观与坚强。在这部电影中，女主角熊顿连续遇上各种倒霉事：遭公司解雇；遇男朋友劈腿；到医院检查身体的时候竟然发现自己患上难以治愈的肿瘤。然而，面对如此糟糕的生活，她并没有用颓废、空虚或者迷茫来糟蹋自己，反而坚信生活的美好与温暖，她用追求美好的爱情微笑着赶走疾病的阴霾。

电影中熊顿说：“人不能因为害怕失去，就不去拥有。死，只是一个结果，怎么活着才最重要。”很多时候，我们往往太注重结果，反而忽略了过程。

有一个小圆圈，它身上缺了一小块，所以走得很慢。路上，它闻到了花香，看到了小溪，还有小蚂蚁、小蝴蝶等好朋友和它打招呼。大家都劝它留下来，和它们一起玩耍。可是，小圆圈想走快点，找到自己缺失的那一小块，自己才是完整的。就这样，它不断地告别自己的好朋友，寻找着丢失的那一块。

终于有一天，它找到了，自己又变得完整了。它可以走得飞快，都来不及和沿途的朋友们打招呼。但它发现，找回了缺失的那一小块后，并不像以前那样开心了。

这个故事说明，并不是所有的完美都是好的，有时候缺失却让我们的生活变得更有意义。断臂的维纳斯，给了我们无限的美好；失聪后的贝多芬，谱写了《命运交响曲》；双腿残疾的史铁生，成就了《我与地坛》。古语有云："塞翁失马，焉知非福。"正视生命中的不完美，不必害怕失去，会让我们的人生有别样的收获。

生活里有些失去是无法躲避的，譬如生老病死，譬如失恋。可是，我们不能因为面临失去，就选择逃避，选择不去拥有。每个人都会走到一个共同的终点——死亡，当你看到最爱的人躺在床上，为自己的生命画上句号时，你能做的就是静静地陪他走完最后的时间。短期内你可能会觉得自己的世界坍塌了，不知道该如何面对接下来的生活。可是，你不能躲避。当你为一个人奋不顾身地付出所有，换来的却是"分手"两个字时，你可能千百遍地告诉自己，不要再相信爱情了，可是，你能因为一次失恋、一个人而否定全世界吗？

在生活里，我们更多的时候不是去拒绝，而是接受。接受失败，接受挫折，接受各种不顺心。在接受中，学会包容，把一切阴暗的、负面的情绪驱散，并抹上阳光。我们不能因为害怕失去就不去拥有，这个世界上，没有过不去的坎。只要你看淡了，学会放下，学会包容和接受，就可以拥抱幸福。

42. 懦夫向命运低头，强者则向命运挑战

人的一生中，会有无数次的机遇，也会面临无数次的挑战。倘若没有良好的心态和坚忍不拔的意志，困境将伴你一生。

越是艰苦的环境能越能磨炼一个人的意志，越来越坚强，从而不断进步。反之，环境越安逸越会消磨一个人的意志，即使意志再坚强的人，在安逸的环境待久了，最后也会一事无成。

懦夫向命运低头，而强者选择向命运挑战。在生命的长河里前行，迎着风浪搏击，才能燃起生命的激情。请记住，自己的命运自己来把握，你可以默默无闻、虚度一生，也可以让它绽放光彩，不向任何人低头。

在离潭边不远的小河旁边，有一个戴斗笠的渔夫，经常独自一人捕鱼。那个河段的水流湍急，总是激起一层层雪白的浪花。

一群年轻人对此感到十分奇怪，他们觉得这个渔夫的行为很可笑，河段的水流那么急，连鱼都不能游稳，怎么能捕到鱼呢？

有一天，有个年轻人终于忍不住好奇，去问渔夫：“这儿的水流这么急，鱼能在这儿留住吗？”渔夫说：“当然不能了。”年轻人紧接着又问：

“那您能捕到鱼吗？”渔夫笑笑，没有回答，只是把旁边的鱼篓往岸边一倒。年轻人惊呆了，这一片银光不就是鱼吗？而且个个肥大、活蹦乱跳。年轻人有些傻了，这么肥而大的鱼是他们从来没有在深潭里钓上来过的。他们从潭里钓上来的，多是些小鲫鱼和小鲦鱼，不像渔夫竟能在湍急的河边捕到这么肥大的鱼。

渔夫一眼看穿了年轻人的心思，笑着说：“深潭里没有什么大风浪，一直风平浪静，只有那些经不起大风大浪的小鱼才会在那里生存，对它们来说，潭水里那些微薄的氧气就足够它们呼吸了。而这些大鱼则需要更多的氧气，只有拼命游到河水湍急的地方，才能满足它们。浪越大，水里的氧气就越多，大鱼自然也就越多。”

渔夫又意味深长地接着说：“很多人都认为湍急的河水里不适合鱼生存，因此，他们就选择在平静的深潭钓鱼。但是他们错了，一条没风没浪的小河流是不会有大鱼的，而那些大风大浪才是鱼儿长大长肥的唯一条件。大风大浪看似是鱼的磨难，但其实能够帮助它们更好地成长壮大，就像我们的人生一样，经历过大风大浪，才会更加璀璨。”

人前享受鲜花和荣誉的每一个成功者，背后都经历过无数次的失败和不堪回首的辛酸回忆。但是，这些付出都是值得的，它们能换来最终的成功。相反，那些遇事优柔寡断，意志不坚定的人，却总是生活在抱怨和无奈中，可笑又可悲地在宿命论中寻找自我安慰。

在人的一生中，有成功有失败，起起落落，也有许多偶然，但更有必然。命运总爱捉弄人，尤其是那些意志薄弱的人，但只有那些勇于进取、意志坚强的人才能得到幸运之神的眷顾。意志坚强、不向命运屈服的人，即使遭遇大的挫折，也会坚持下去，赢得最后的胜利，品尝成功的喜悦。

在我们身边有许许多多的普通人，虽然不那么有名，但却用辛酸的汗水与泪水谱写了一曲动人的乐章。

那些出身贫寒却依然自强不息的人令人敬佩，那些身体残疾却依然努力活着的人更令人钦佩，因为他们身上闪耀着不向命运屈服的精神。那我们这些出身不错，身体健全的人呢？收起无病呻吟的丑态，把苦难当作经历，放肆地享受吧。

43. 41 岁的她，赢得了全世界的尊敬

这个世界，没有谁会陪你走完一辈子，包括你的父母。所以，只有守得住自己，才能守得住世界。从现在开始，做自己的主人，心中有光，微小而明亮。

如果有人突然问你：你是自己的主人吗？你能够驾驭自己的命运吗？不知道你会给出怎样的答案。很多时候，我们自己也思考：我们是自己的主人吗？虽然我们每天都工作挣钱，养家糊口；自己吃饭睡觉，休闲旅游。可是，我们能够驾驭自己的命运吗？可能有的人会说："我们当然有足够的能力来驾驭自己的命运，尽管我们不能决定自己什么时候来到这个神奇的世界，但是我们可以决定自己何时离开——假如我们不想再苟活在这个世界上，那么我们可以随时终结自己的生命！这样说来，我们当然能够驾驭自己的命运。"其实，这是一种误解。真正驾驭自己的命运，是对人生旅程的调节，而不是终结；是对自己生命价值的掌控，而不是随意将生命视若无物。

一个人想要做自己的主人，那么一定要充满自信，因为一个没有自信

心的人，是做不好事的，又怎么能驾驭自己的命运呢？事实上，生活中很多人都不是自己的主人，尤其当磨难毫无征兆地降临的时候，他们常常自乱阵脚，忘记了自己是谁，也不清楚自己要做什么。他们常常在磨难的旋涡中盲目随流，别人说什么他们就做什么，似乎完全忘记了自己才是自己的主人。

想必大家都看过“父子骑驴”的故事，被路人的非议搞得茫然无措的父子，正如被四面八方、各式各样的建议弄得无所适从的我们。别人口中的道理，听起来都很有理，别人曾经的经历，都跟我们的相像，但相像永远是相像，就像模仿永远成就不了大师。只有亲身经历，才能拥有从容与淡定，只有自己思考，才会感悟到生命之美。

很多时候，我们都处于一种盲目无知的状态，我们忘了自己活着的目的，甚至忘记了“我自己”的存在。在生活中那些身残志坚或者身处逆境的人，他们之所以能够取得别人无法企及的成就，就是因为他们时刻都提醒自己“真我”的存在。“真我”就是自己的主人，只有“真我”才能驾驭自己的命运。有了这种自我意识，就拥有了无穷无尽的力量，即使面对再大的挫折、再大的磨难，也不能够阻挡他们的脚步。

做自己的主人，才会拥有充实精彩的人生，才会过得快乐、活得开心。我们每个人都应该明白，“真我”是这个世界上独一无二的存在，无可替代，没有人能主宰我的命运——除了我自己。另外，我们还应该懂得如何去驾驭自己的命运，这是面对挫折与磨难时必须具备的素质。一个人能够驾驭自己的命运，才有资格成为自己的主人。他们有自己的思想，有辨别是非的能力，在磨难中能够做出最正确的决断，找到最合理的解决方法。他们拥有一种果断从容的气质，在人生的道路上奋勇向前。

清代的时候，有两位秀才，书法都颇有造诣，人们常常拿他们来做比较。其中一位秀才每天十分认真地临摹古人的碑帖，不管是字的笔画，还是结构，都要写到以假乱真为止。比如他的点画一定要像王羲之，捺画一定要像赵孟頫。另外一位秀才也刻苦练习，只是他更讲究自然，不去刻意追求古人的影子，还要求自己每一笔一画都要与古人有所区别，只有这样他才感到高兴。

有一天，这两位秀才都被邀请去参加员外的寿宴，他们各自写了一幅书法作品当作贺礼。那位写字与古人很相似的秀才，故意在大庭广众之下嘲讽另一位秀才："请问，先生的作品有哪一笔像是古人传下的？"另一位秀才没有恼怒，反而一脸和气地反问道："请问，先生的作品有哪一笔像是自己的？"那位善于模仿古人笔迹的秀才顿时哑口无言。

人们常说，人生的道路就在自己的脚下，就看我们如何去选择：是做自己的主人，驾驭自己的命运，还是在磨难中随波逐流，被外物所左右呢？相信每个人都已经有了自己的答案。

在 2016 年里约奥运场上，有一位令人敬佩的女子体操选手——41 岁的丘索维金娜。无论面对怎样的挫折与困难，她对自己的体操之路都坚定不移。她曾 7 次参加奥运会，获得了全球观众的敬佩与爱戴。

丘索维金娜是乌兹别克斯坦人，从 7 岁就开始了体操人生，16 岁获得世界锦标赛冠军。紧接着，下一年她又摘得巴塞罗那奥运会女子体操团体比赛的金牌。从 1993 年到 2006 年这 13 年的时间，她总共摘得了 70 块奖牌，是乌兹别克斯坦全国人民的骄傲。

21 岁的丘索维金娜参加过 1996 年亚特兰大奥运会后，便退役了，嫁给了一名优秀的摔跤运动员，有了一个可爱的儿子。

然而，这样幸福平静的生活没过多久，就传来了一个十分不幸的消息：她三岁的儿子患上了白血病。

为了儿子高昂的医疗费用，丘索维金娜选择重回赛场。她训练十分刻苦，不放过每一次比赛的机会，甚至会在一场巡回赛中参加所有的女子比赛项目，她说：“一枚世锦赛金牌等于3000欧元奖金，为了儿子，我只能这样做。”

为了能让儿子得到更好的治疗，丘索维金娜把儿子送到德国，并加入了德国国籍，为德国出战。

在一次国际比赛中，丘索维金娜摔断了跟腱。大家都以为，33岁的丘索维金娜要退役了。然而在2011年的国际比赛场上，她再次出现在观众眼里，并获得了跳马银牌。

对于她的再次出现，她解释说：“只要我的儿子还未痊愈，我不敢老去。我要为儿子坚持下去。”一句“你未痊愈，我不敢老去”令所有人动容。

上天眷顾努力的人，孩子的病渐渐好转了之后，丘索维金娜重新回到自己的国家，继续她热爱的体操事业。在2016年里约奥运会体操比赛女子跳马决赛中，丘索维金娜以14.833分的成绩获得第七名。她接受采访时说：“我没有任何遗憾，不管怎样的成绩我都接受，我依然坚持走好自己的路，东京奥运会再见！”震惊了世界。

我们要做自己的主人，选择自己未来的道路，去改变自己的生活，这些都是别人无法代替你去做的，只能靠自己去完成。

44. 所有的选择和坚持换来了他们耀眼的成功

磨炼如同死亡，是人生中必然会降临的节日，很多时候，我们需要勇气，笑对磨炼，完成生命的华丽转身。

人生有苦就有甜，有高兴，当然就会有悲伤，有得意，必然有酸楚。

她出生在福建山城永安，父母都是普通的劳动人民，一直也都生活在山里，没有见过大山外面的世界。小时候，她发现哥哥每次回家，篮子里总是有比别人多很多的小果子。于是，她好奇地问哥哥原因，哥哥告诉她："其实，我和大家在树上摘得差不多，只不过大家从树上下来之后，都急急忙忙地赶回家，我就把树下面的果子都捡起来了。只有捡到自己篮子里的果子才是自己的。"

"捡走每一个果实，拾到篮子里才是自己的。"就是这么一句简单的话，让她深深地记在了心里。

上完初中，她考上了福州一个普通的艺术学校，学习幼师美术。在艺术学校里，她对每门功课都十分认真，因为她觉得这些都是她人生路上的果子，她想像哥哥一样每次都多捡一些。幼师毕业后，她不想待在那个小地方，于是来到北京开始新的打拼。

刚到北京的那段日子，她住在狭小昏暗的地下室里，最艰难的时候，她一天只能吃一包方便面，经常饿得头晕。但不管日子多么艰难，她都没有掉眼泪，没有向困难屈服。她知道自己想要什么，也知道自己的梦想是什么——她要闯进演艺圈，要成为一名演员。每一天，她都在为这个梦想努力。

终于，功夫不负有心人。凭着扎实的基本功和不懈的努力，她考上了中央戏剧学院导演系。求学的过程中，除了认真学好自己的专业课之外，她还去旁听表演系的课程，以及其他一些自己喜欢的课程。她将这些看成追逐梦想路上的一个个果实，只有认认真真捡起它们，才能更好地成就自己的梦想。为了提升自己，暑假她还特意去新东方学校学英语。一有机会，她就去参加选角和拍戏，不管角色大小，台词多少，每个角色她都用心去演绎。一次偶然的机会，命运开始垂青这个充分准备好了的姑娘，她得到了出演《孔雀》的机会，这部电影是她人生的转折点，她的演技得到了大家的认可。参加柏林电影节时，她优雅的谈吐获得了媒体的一致好评，甚至有人称她为“小章子怡”。

一次次的准备和努力，使她用心捡起人生路上的每一个果实，正是因为她的努力，最终成了银幕上家喻户晓的演员。她就是张静初，一个外表娇柔，内心却强大的女子，一个为梦想执着，不畏困难，不断努力，永不放弃的女子。

其实有时候你再忍耐一下，便会看见不一样的风景；有时候你对梦想执着一点，那么它就能变为现实。

NBA巨星巴克利出生于美国亚拉巴马州的一个贫穷小镇，巴克利刚出生不久，就患上了疾病差点死掉。庆幸的是，他坚强地活了下来。然而，作为黑人孩子，贫穷和歧视一直是巴克利心中挥之不去的阴影。

巴克利从小就很喜欢打篮球，他想成为一名篮球明星，希望通过打篮球让全世界的人都知道自己。很多人对巴克利的想法嗤之以鼻，笑他白日做梦，因为他没有表现出足够的篮球天赋，身高上也没有任何优势。教练建议他去练美式足球，可是他不甘心就这么放弃自己的梦想，没有任何优势，他就比别人花更多时间练球。不管刮风下雨，都没有间断练习，多少个日夜别人都在休息的时候，他却在刻苦地训练。为了锻炼自己的弹跳力，巴克利每天都在那些顶端很尖锐的栅栏边跳来跳去，吓得他的家人心惊胆战。他用自己的决心告诉每一个人，他要实现自己的梦想。对巴克利来说，母亲是他最好的支持者，因为母亲一直鼓励他，推着他向梦想前进。

上帝是很公平的，你付出了多少，上帝总会给你相应的回报。经过一年的苦练，巴克利的球技有了很大提升，高二的时候，他进了学校的篮球校队。但他只是球队的替补，出场的时间特别少，他却没有任何怨言，一有上场的机会，他必然倾尽全力。平时没有比赛，他也坚持训练。高三的时候，巴克利的身高和体重都有所上升，这些都为巴克利成为一名优秀的篮球运动员提供了有利的条件。勤奋的训练，坚持不懈的努力，使得巴克利终于成了校篮球队的先锋主力球员。每一场比赛，他都用心对待，赛场下的他比谁都要更加努力。

凭着这份执着，以及这股拼命的精神，巴克利终于实现了自己的梦想，成了篮球巨星，他的名字也终于被全世界知晓。

巴克利说："世界上有很多人不知道自己要什么，不知道该如何在人海中让自己脱颖而出，可是我在孩提时代，就知道了自己想要什么，并决定要为之不断努力。记住！任何时候，只要你下定决心做一件事，只要你愿意，就没有任何困难可以难倒你。”

人生不会总是一帆风顺的，梦想也不是轻而易举就能变成现实的，有梦想还得付出努力。想要成就一番事业，必定要有一颗百折不挠的决心，承受得住压力，才能实现你的梦想。

是金子总会有发光的一天。也许现在大多数人都只是一块普通的石头，但是只要我们用心去雕琢，受得住雕琢中的各种痛，那么总有一天，我们能够成为一块精美的艺术品。

45. 此刻的你，是那个强壮的孩子，还是那个瘦弱的孩子？

面对顺境，能够心存感激；面对逆境，收起抱怨之心，感恩逆境让人有忏悔和还债的机会。

人们总是希望自己或者家人免受苦难的折磨，一生享福。然而，没有经受过苦难的幸福不是真正的幸福，没有享受过幸福的人生是不完满的人生。吃苦是为了渡过厄运，在苦难中感受人生真谛，迎接幸福生活。

苦难是成功路上的铺路石，石子多了就会形成一条石路。人踏过苦难铺就的石子路就会到达幸福的彼岸，享受成功的喜悦。

颜回十四岁拜孔子为师，终其一生都追随孔子左右。颜回以其好学的品质被后人所铭记。在孔子诸多弟子中，孔子对颜回的称赞最多。颜回以极渊博的学问闻名于诸国之间，还以谦逊有礼而让孔子对他赞誉有加。不仅如此，颜回吃苦求学、安贫乐道的精神也令后人敬佩不已。

孔子曾这样盛赞颜回："一箪食，一瓢饮，在陋巷，人不堪其忧，回也不改其乐。"意思是说颜回的品德高尚，安贫乐道，不因家庭环境恶劣而荒废学业，反而苦中寻乐，享受知识学问的乐趣，追求精神上的满足。

虽然住在简陋的小屋里，每天只有一箪饭、一瓢水供他食用，但是他仍然在贫苦的生活中品味知识的甘甜和乐趣。别人都忍受不了这种贫困清苦的煎熬，但是颜回在清苦的生活中，自得其乐，最终成为儒学大家，流芳百世。

颜回安贫乐道的品质使得孔子以及世人对其赞美不已。他不惧吃苦，在苦中求学，在苦中领略学问的博大。

现代社会，很多人都有过艰辛的岁月。有的人为了成功地做好科学实验，一整个月都待在实验室里，只为了不错过实验的每一处细节。经过一段或长或短的艰苦岁月，实验成功之后，他们体会到的激动是我们一般人所无法感受到的。

古时候，大漠上有一位王公，他拥有大量的马匹和羊群，这就需要牧童帮他看管。但是他只有一个牧童，显然是忙不过来的。于是，他就从部落中找来两个穷苦人家的孩子，帮他放养这些牲畜。

这两个孩子，一个瘦弱，一个强壮。这位王公考虑到他们的情况，就安排瘦弱一点的孩子看管羊群，强壮一点的孩子放养马匹，因为放养马匹比放养羊群辛苦。然而，当王公离开之后，强壮的孩子却逼迫瘦弱的孩子来牧马，自己则去放羊。瘦弱的孩子想到马的食量大，放养马匹又要到很远的地方，再加上马的性子十分暴烈，牧马一定是一件很辛苦的事情，因此他也不愿意去牧马，但由于害怕强壮的孩子，没办法只能答应了。

回到家后，瘦弱的孩子觉得很不开心，于是就把满腹委屈告诉了母亲。他的母亲是一位宗教徒，信奉“吃苦是为了积福报”的说法。于是说道：“孩子，虽然你从此可能要比那个强壮的孩子多吃一些苦，但是，你不要因为吃苦而抱怨，只有不怕吃苦，你才能拥抱今后的幸福。”

瘦弱的孩子听了母亲的话后，就不再为自己的工作而烦恼、抱怨。他每天都要赶到百里之外的草场去牧马，为了看好马群，他曾经被马拖伤过、被马踩伤过、从马背上摔下来过；不仅如此，还被暴雨淋湿、被阳光暴晒，饿肚子却找不到吃的东西更是经常会发生的事情。然而，经过这样一段艰辛的日子，瘦弱的孩子变得强壮了起来，长得也越来越高，骑术也变得十分优秀。与此同时，那个强壮的男孩只需要将羊群赶到离住处不远的地方，因此每天都过得无比轻松。

日子一天天地过去了，牧马的孩子由于每天训练，身手矫健，驭马本领日渐成熟。他的本领也被王公发现了，王公很欣赏他，就让他担任自己的护卫。再后来，这个男孩投身军旅，成了闻名草原的将军，后来成了蒙古帝国第一猛将，他就是为成吉思汗建立大蒙古国而出生入死的左膀右臂——哲别。

在上述故事中，哲别因为牧马而换来了一个好前程。可见，他吃得一时苦，得到的却是一世福。反观那位强壮的男孩，一直做着简单的放羊工作，他到死都只是一个为主子做事的羊倌。

面对苦难，人们不应该只会抱怨，而要学会用积极的心态，来面对每一次折磨，还要始终铭记，苦难是一时的，渡过苦难之后的幸福会如美酒般甘醇。

只会享福，不能吃苦的人必将会被苦难打败。如果吃不了苦，那眼前的幸福也不会长久。遭遇苦难，是人生常事，但是能够征服苦难，享受苦难之后的幸福才是最珍贵的。人们想要安然地品味幸福之果，就必须能够吃得了苦。正所谓“享福消福，吃苦了苦”。

46. 后来，她哭累了，悄悄告诉自己要坚强……

当一个人心中有了飞翔的梦想，即便翅膀被无情地折去，也依然能够骄傲地飞翔。

面对充满苦痛和悲伤的世界，我们会哭，会忍不住为之烦恼。可是在面对生活的时候，只有摆正自己的位置，才有赢的可能。

有个女孩，叫江伟君，168cm 的身高加上漂亮的脸蛋，聪明自信、气质出众、待人温和，就读于美国知名大学，精通中、日、英三门语言，走在街上十分亮眼，追求者自然如过江之鲫，数不胜数。

然而天妒红颜，命运给她开了一个巨大的玩笑。在她刚刚 24 岁的时候，一次从西雅图到温哥华的旅行中，不幸悄然而至。由于司机疲劳驾驶导致车祸，江伟君下半身瘫痪，无法动弹。车祸不仅带走了她的双腿，也差点带走她的生命，她的身体被折成两半，生命也被撕成两部分。她从此丧失了行动能力，无论做什么都需要他人帮助。失去了独立的人生，她彻底陷入了无望的黑暗之中，生活被愤怒、忧郁和无止尽的泪水填满。她一点也不期待第二天的太阳，因为她看不到希望，整夜以泪洗面，又怕惊动家人，只有把自己埋进枕头，牙齿紧咬避免发出声音。

后来，她哭累了，悄悄告诉自己要坚强，“当上帝为我关闭一扇门，我就为自己开启另一扇窗，山不转水转，路不转我就自己转，只要自己不放弃就一定能克服困难。虽然失去了很多，但是我可以去创造更多！”她这样说，也这样做了。

哭泣解决不了任何问题，当泪水流尽，痛定思痛，她选择坚强，开始慢慢摸索，开始自己解决生活起居，后来她为自己做了SWOT（强项、弱点、机会与威胁）分析，才发现自己当初那么悲伤的原因，并不是因为失去了双腿不能行走，真正的根源是自己失去了做人的价值。她不再专注于自己曾经失去的，而是放眼未来，试着自己一个人去生活、去学习、去努力，去创造属于自己的价值，她明白行动才是最有效的解决方式。

她说：“我是从生命的困境中走出来的，所以我想为更多的人提供面对困境时的帮助，也希望借此鼓舞更多的朋友，激励那些遭受挫折或者对人生无望的人们能重新振作，获得更好的生活。”江伟君认为自己的优势在于精通多门语言，有一个成熟的国际观和积极阳光的个性，她乐观的心态很容易感染到其他人。

这样一个女孩，靠轮椅行走，无论什么事都自己动手，一般人能做的，她都可以做到，甚至做得更好。江伟君毕业时，并没有与家人生活在一起，这是她自己坚持的。她始终认为：“自己多努力一点，就多一点机会。”

江伟君毕业以后，选择的是教育训练方面的工作，这就意味着，即使在夜间她也得一个人扛着机器到各高中去讲课，那些摄影机、计算机、人体工学教具都得自己拿着到处奔波去教导那些志在医学的学子。而且，她的住处距离她的单位就算开车也得一个半小时，所以她必须每天5点半就出门上班。因为是自己住，她还做得一手好菜，并且除了厨艺，还学会了滑雪、海钓等项目。

后来，她又去参加“台美小姐”比赛，并且获得了“轮椅上的公主”称号。如今，她成了美资企业台湾区英语事业部的总监。

生活态度积极的人，内心必定充满活力，即使是突然下起的暴雨，也会被他认为是上天赐予的甘霖。再大的困难都不以为意，因为事情再麻烦，他也会笑着说：“没关系，小事一件。”

第七章

无畏：人生除死无大事

47. 阳光永远都伴随着那些能看见它的人

当身陷危机困境中时，我们要懂得在困境中平衡自己的情绪，转换自己的思维方式，以积极阳光的心态去审视境遇、阐释生活。

《华严经》里有这样一句话：“若人欲了知，三世一切佛，应观法界性，一切唯心造。”你的心态是积极的，感知到的就会是阳光和天堂；你的心态是消极的，感知到的就会是绝望和地狱。

一位日本武士向一位佛学造诣很深的老禅师请教：“请问大师，什么是天堂，什么是地狱？”连问三次，老禅师都默然不语，只是露出了一丝笑容。武士不耐烦了，大声喝道：“老头，你到底知不知道什么是天堂，什么是地狱？”

老禅师一听，也不乐意了，指着武士骂道：“似你这等粗鄙之人，有什么资格跟我谈论什么是天堂，什么是地狱？”

武士被激怒了，一下子拔出佩刀，要杀老禅师。

老禅师双手合十，平静地告诉他：“这就是地狱。”

武士顿悟，羞愧不已，收回佩刀。

老禅师微笑道："这就是天堂。"

武士了然。

良好的心态是天堂，糟糕的心态是地狱。现实生活中，那些拥有良好心态的人也更容易感到幸福。因为心态不同，坐在豪华汽车里的人可能抱怨连连，坐公交车的人可能心情舒畅；吃着鲍鱼龙虾的人可能会闷闷不乐，但吃着粗茶淡饭的人反而满心欢愉。

新东方总裁俞敏洪曾经在一次讲学中给学生们陈述了自己的"7句话原则"。这7句话是这样的："用理想和信念来支撑自己的精神；用平和与宽容来看待周围的人事；用知识和技能来改善自己的生活；用理性和判断来避免人生的危机；用主动和关怀来赢得别人的友爱；用激情和毅力来实现自己的梦想；用严厉和冷酷来改正自己的缺点。"这7句话概括起来，其所阐述的就是一种积极的人生态度。

在人生之中，危机处处存在，在人生的旅途上，我们随时都有可能陷入危机所引发的挫折与失败中，此时的困境会让人感到阴影重重、阻碍重重，对未来和梦想看不到一丝希望，生活瞬间失去了原有的色彩。但是，这所有的感觉都是人内心的主观判断而已。要知道，机遇与危机永远是伴生的，在顺境时，我们首先看到的是机遇，此时并不排除危机与风险的潜在风险；同样，在逆境时，我们首先看到的是风险与阻碍，但此时并不能排除机遇与希望。简而言之，无论在怎样的艰难处境中，希望与光明都是永恒存在的。我们是否能够在逆境中寻找到希望与光明，关键在于我们是否具有在黑暗之中发现并捕捉光芒的积极心态。

在一个城市中，一连半个多月都持续阴雨，还经常会雷鸣大作，害得这个城市的居民每天都不能正常出行，连日常生活都成了困难。每个小区里都是一片抱怨声，大家都在忧虑地哀叹：“太阳什么时候才能出来啊，阴雨天赶快结束吧。”

在一户人家里，住着一对母女，母亲每日被困在家中，快被这讨厌的阴雨天气折磨死了，曾经最喜欢趴在窗子看阳光的她现在已经连望一眼窗外的兴趣都没有了。她在心里说：“这讨厌的鬼天气再不结束，我就要忘记太阳的颜色了！”可是有一天，这位母亲发现，往日与自己一同趴在窗子上看阳光的女儿，依旧会饶有兴致地趴在窗台上向外观望。

于是，她充满好奇地问：“女儿呀，你在窗子前观看什么呢？是在看雨吗？你是不是很喜欢雨呀？”

女儿回答说：“不是啊，妈妈，我不喜欢总是下雨，我是在看阳光呀！”

妈妈听了后非常惊讶：“我可爱的女儿，哪里还有什么阳光呀？每天都是阴雨天，你瞧，现在外面不是还在下雨吗？哎，太阳都多久没有出来过了啊！”

女儿却说：“妈妈，太阳每天都有出来呀，您都没有见到它吗？它的光芒还是和以前一样好看，只是以前是照在蓝天白云里，现在是照在雨里面了，不然，我们现在怎么会知道是白天呢？”

听了女儿的话，母亲恍然大悟，原来不是现在的生活没有阳光，而是自己每天只顾着看雨而忘记了看阳光！于是从这天起，她每天都兴致勃勃地和女儿一起看阳光，内心再也不为讨厌的阴雨天气感到烦闷了。

这个故事告诉我们：生活之中每一天都有阳光，是否能够感受到阳光的温暖与光明，关键就在于我们是以什么样的心态来看待每一天。危机发生时，给人带来的紧张感是必然存在的，而一个真正懂得生活、能够正确对待人生的人，会尽可能地平衡自己的心态，以积极乐观的状态去接受生活、面对生活、挑战生活、享受生活。而不是在危机困境中一蹶不振、悲观度日，以消极心态去应对困境，之后使自己跌进更深的痛苦之中。以积极心态去看待危机，这就需要我们能够在危机困境中转换思维的角度，减轻危机所造成的痛苦，发现困境中隐匿的希望。

一个年轻人，靠着在夜总会吹萨克斯的微薄收入为生。他的收入不高，生活也不宽裕，但是天性乐观，很讨人喜欢。这个年轻人骑着自行车上班、“兜风”。他经常感叹说：“要是我能拥有一辆汽车就好了！”听他这样说，朋友们便和他开玩笑说：“既然你没有钱买车，不如去买彩票吧，说不定你可以中奖呢。”听了朋友的话，他果真去买了一张体育彩票，谁知道他这张用两元钱买来的彩票竟然中了大奖，并得到一大笔奖金！于是这个年轻人用这笔钱如愿以偿地买了一辆汽车，美滋滋地开着车子去上班、兜风。

可是3个月之后，他的这辆车在夜里被盗了。得知这个消息，他的朋友想，这个爱车如命、好不容易才如愿以偿买到车的年轻人，在一夜之间失去了这辆价值几万元的车子，一定痛苦死了，于是纷纷来宽慰他。谁知这个年轻人听后，笑着回答说：“我有什么好难过的呢？丢了一辆车子，我不过是丢了两元钱而已啊。以后凭我的本事，能挣更多的钱，说不定还能自己登台演出呢，到时我会赚到足够的钱，再买一辆好车。”朋友们听了他的话，万分诧异，不过也确实只是两元钱的事情而已。

“丢失一辆两元钱的车”，如果同样的事情发生在我们身上，我们会怎样去看待这辆车的价值呢？其实决定这辆车价值的不是车本身的价位，也不是那张彩票的价值，而是我们看待“丢车”事件的态度。同样是一件痛苦的事情，当我们换一个角度，以积极的心态去看待它，我们所感受到的将是完全不同的人生，所看到的将是完全不同的色彩。

因而，当我们身陷困境时，一定要铭记：每天都有希望，问题在于看待事情的角度。我们要懂得在困境之中平衡自己的情绪，转换自己的思维方式，以积极的阳光心态去审视境遇、阐释生活。

48. 人在路上，心在途中，快乐就在痛苦的背后

豁达，是一种不怨、不哀、不怒、不愤的开阔胸襟，是一种饱读诗书、明晓世事的通透情怀。心胸豁达，才能笑看风云。

苦中作乐，并不是一件简单的事情。人在遇到苦难时，还能笑出来，多半是出于无奈，是一种苦笑。可如果在苦难中主动去寻找乐趣，还能自得其乐，把苦难变成有意思的事情，体现出的就是一种难得豁达的心态了。

正值三伏天，南方深山的一个禅院中，地面灰秃秃的，十分难看，有碍观瞻。

“师父，快撒点种子吧，光秃秃的，太难看了。”刚剃度不久的小和尚摸着光头对坐在殿堂偏侧抄写佛经的师父说。

师父默不作声，不一会儿，一位小师兄走过来，把一张写着“随时”的纸递给他。小和尚摸不着头脑，便向师兄请教。原来，师父的意思是，种植要按照时节而行，等天凉了再种。小和尚听罢走了，既然要等时节，那就好好研习经文吧。

到了中秋节，师父交给小和尚一包草籽，吩咐他将之撒到那片空地上。

可是，突然间狂风大作，小和尚撒出去的草籽被风吹跑了大半。

“不好了，师父，草籽都被风吹走了。”小和尚又赶忙去找师父。可师父又让师兄送出了两个字：“随性。”小和尚摸着脑袋想了半天，终于明白了师父的意思——被风吹走的草籽多半是空的，撒下去也发不了芽，就随它们去吧。

种子撒完了，可没过多久，就有小鸟飞来啄食，赶也赶不走。于是小和尚又去找师父，依旧是传出来两个字：“随遇。”这一次，小和尚明白，师父是说随它们去吃。既然这样，小和尚就索性不管了，接着回到禅房诵读经书了。

半夜里，下起了大雨，雨水敲打着窗户，小和尚直吓得缩在被窝里，后半夜才睡着。早晨醒来推门一看，小和尚急得直跳，一边跑一边喊：“师父，不好了，这下真完了，草籽都被雨冲走了！”可师父仍是岿然不动，又把一张字条传了出来，上面写着“随缘”。好吧，冲到哪儿就在哪儿发芽吧，小和尚无奈，只好怏怏地离开了。

几天过去了，原本光秃秃的地面，居然冒出许多青绿色的草芽，连那些原本没有播种的地方也泛出了青翠的绿意。小和尚高兴坏了，连忙去偏殿找师父。师父这一次没有给他递纸条，而是让他进去了，这次师父仍然只说了两个字：“随喜。”

苦难艰险是对生命的一种考验，也是另外一种形式的馈赠。豁达的人，总能把苦难擦掉，把快乐留下。

人在路上，心在途中，给自己放个假，让心坦荡、豁达地面对一切，还之本色，就不难发现，快乐就在痛苦的背后。

面对人生，淡定而豁达，输赢无所谓，只要你来过。

49. 他在 72 岁时，苦心经营一辈子的公司破产了……

乐观的人像清晨的太阳，总是那样生机勃勃、熠熠生辉，给人温暖与希望。乐观是什么？乐观是一个人心胸豁达的表现，是一个人战胜挫折的法宝。

每个人在实现梦想的过程中，都会遇到各种困难。当与挫折、困难撞个满怀时，乐观的人，会坚强面对，相信自己一定能走出困境；悲观的人，则会被撞得人仰马翻，感觉自己碰到了世界末日，甚至从此以后选择对梦想放手，成为挫折与困难面前的懦夫。

英国作家萨克雷有句名言："生活是一面镜子，你对它笑，它就对你笑；你对它哭，它也对你哭。"所以，在梦想的路上遇到困难与挫折，一定要保持乐观的心态。

有一位老人在 72 岁时，苦心经营了一辈子的公司破产了。对任何人来说，这都是毁灭性的打击。很多人都以为这位老人要么从此穷困潦倒，要么会想不开，选择以死亡来了结余生。

但没过几天，人们就发现自己错了。这位老人依然神采奕奕地为梦想奔波，他在考虑如何与他人合作，开办一家网络咨询公司。

新公司又成立了，老人整天面带微笑，努力经营。虽然一把年纪了，可只要遇到不懂的地方，他就会向年轻人虚心学习、请教。

老人有着丰富的管理与经营经验，再加上十分努力，没过多久，就把新公司经营得风生水起。

当有人问老人东山再起时的秘诀时，老人没说什么，只是快乐地大笑起来。问的人不解，又问原因，老人只说了短短一句“我已给出答案了”！

此时，这个人才恍然大悟——乐观的心态就是老人东山再起的法宝。

这个老人不是别人，正是日本最大的零售集团的总裁——和田一夫。

天下没有翻不过去的山，没有过不去的坎。在遇到困难与挫折时，你以什么样的心态去看待、去理解决定了你能收获到什么成果。

凡事都有两面性，同样的一件事，从不同的角度，所看到的东西是不同的。如果你家中被盗，你会有什么样的反应？生气？害怕？还是担心？还是会感觉庆幸？

柏拉图说：“决定一个人心情的，不是环境，而是心境。”在很多人看来应该难过的时候，成功人士却表现得很乐观，他能积极地对待这件事，能站在阳光中，迎着阳光向前看。他看到的是自己最珍贵的生命与人格，于是，他满眼光明，身心温暖。如果他是从“失去很多”这个角度去看，怕是只能俯视阴影，满目黯然了。

比大海更广阔的是天空，比天空更广阔的是人的胸怀。遇到困难与挫折时，心宽一些，想开一些，看淡一些，看开一些，就能享受开心快乐的人生。

古希腊大哲学家苏格拉底在没结婚前，曾与几个朋友一起住在一间只有七八平方米的小房子里。尽管大家挤在一起有很多不便，可他总是乐呵呵的。

有人问他："那么多人挤在一起，转个身都能撞着人，有什么可乐的？"

苏格拉底说："朋友们在一起，随时都可以聊天、谈心，这不值得开心吗？"

后来，那些单身的朋友们一个个都成家了，先后搬了出去，屋里只剩下苏格拉底一个人，但是他每天仍然很开心。当有人问他现在有什么值得开心的事情时，他说："我有很多书啊！一本书就是一个老师，与这么多老师在一起，随时都可以向它们请教，这怎么能不开心呢？"

几年后，苏格拉底也结婚了，他们一家搬进一栋大楼的底层居住。虽然楼上的人总是乱扔东西，可苏格拉底依然很开心。有人十分不解地问："你住这样的房子也能开心得起来吗？"

苏格拉底说："一楼多好啊，进门就是家，不用爬很高的楼梯，还能在空地上养养花，种种菜……"

同样的环境，同样的问题，看法不同，心境不同，心情也不同。所以，在通往梦想的路上，无论遇到什么不顺心的事情，都要用积极的眼光去看待，从不同的角度去看待，我们的心里就能充满阳光，自然会变得快乐。

天有不测风云，当与苦难不期而遇时，不要悲观，要对人生充满热情与信心。实在感觉没有希望和痛苦时，就换一个角度去考虑，或许，你就会有新的希望与收获，就会欣赏到不同的风景。

50. 任波涛汹涌，也要做人生的掌舵人

大海的广阔在于其胸怀，小河的汇入、大雨的滴落、阳光的暴晒、世人的称赞，宠辱不惊。

小时候，我们或许会因为别的孩子有玩具，而抱怨父母不给我们买玩具；大一点儿的时候，我们或许会抱怨，已经很努力了，可是依然追不上学霸的分数，没办法，我们的起点太低；再大一点儿的时候，我们能够独立生活了，认为靠自己的努力能解决一切麻烦，可是发现，原来我们还是那么弱小，遇到困难，依然还要仰赖亲朋好友们的帮助。没什么可抱怨和丧气的，生活就是如此，它永远都不会让你称心如意。

他是个黑人，出生在一个很贫穷的家庭。

他羡慕白人，觉得白人是上帝创造的最完美的人，他们高高在上，生活惬意。而自己是世界上最不幸的人。他其实无比想要出人头地，他要向那些鄙视过他的人证明自己也能很强。从此，他几乎不跟同学们来往，即使同学主动与他打招呼，他也不予理睬。课余时间，他不是在图书馆学习，就是在快餐店打工。

凭着自己的努力，他靠打工挣的钱读完了中学、考上了大学。此时，他认为自己离完美已经越来越近了。他从小就羡慕那些出入写字楼的精英们，所以大学毕业后，很希望能进入一家大公司。

他成功了。

但当他坐在明亮的办公室里时，他发现，其实这样的生活并不快乐。原来精英们也不幸福，因为他们不但要受上司的气，还要受同事的排挤。他每次看到上司夹着公文包大摇大摆地出入高级餐厅时，就觉得，只有自己当老板，拥有一家属于自己的公司，才是自己理想中的完美生活。

几年后，他用自己的积蓄注册了一家公司，经过努力，公司迅速发展了起来，自己也拥有了曾经梦寐以求的豪华别墅、高档轿车和巨额银行存款。可是，他所奢望的完美却没有降临：下属总是不听话，不但偷懒、工作效率低，还总要求加工资；他的竞争对手心狠手辣，整天想着要挤垮他的公司，让他没有立足之地；更为重要的是，他的太太对他越来越冷漠。所以他依然觉得世界上所有的人都比他幸福。

谁知最难过的时候，他还遭遇了车祸。事后，一想到那惊心动魄的一幕，他就吓得浑身发抖。不过经此一劫，他突然明白："生活永远不会太完美，既然如此，我们就要看淡一些，看开一些。无论你经历什么，世界都不会为你改变。"

生活永远不会太完美，总会有不如意的事情出现，比如你最爱的那个人，也许永远不会爱你；你最想得到的东西，也许永远都得不到。没在深夜哭过的人，没资格谈人生。

既然如此，我们该用什么样的态度来面对人生呢？看淡、看开，人生没什么过不去的坎，有句话不是这样说的吗？你喜欢太阳，却不可能把太阳摘下来放在盘子里，但太阳的光芒仍然能透过窗子照亮你的房间。其实，放下也是一种美。遇到倒霉事的同时，如果有一种豁达的态度，就能活得轻松。

有一天，罗宾逊下班后，上了一辆计程车，一坐进车里，他便发现司机是个很快乐的人。因为这位先生一会儿吹口哨，一会儿播放《窈窕淑女》的插曲，很活泼的样子。罗宾逊见他如此快乐，羡慕地说："看来您今天心情很不错！"

司机先生笑着说："当然！为什么要心情不好呢？"

罗宾逊微笑着回应："说得也是！"

司机先生接着又说："不管遇到什么样的麻烦，悲观一点儿好处都没有，更何况，凡事都会出现转机！"

罗宾逊听见司机这么说，好奇地问："怎么说？"

司机缓缓地回答说："有一天早上，我照常开车出门，在半路上，车子居然爆胎了，当时我的情绪顿时跌到谷底。接着，我拿出了工具要换轮胎，但是，因为天气实在太冷了，我更换轮胎的过程非常不顺利。"

司机故弄玄虚地停顿了一下，接着说："你知不知道，当时我真的想把车子扔在那里不管了。你无法想象我当时是多么暴躁。可就在这个时候，有辆卡车停在了我面前，然后司机从车上下来了，热情地来帮我。很快我们就把轮胎换好了。当我向他表示谢意，想给予酬谢时，他只是挥了挥手，便跳上卡车离开了。"

司机先生笑着说："每当我心情不好的时候，就会想起这个陌生人给予我的帮助，心情就会好起来。从此，我的好运不断，生意也比往常好了许多。所以，遇到麻烦不必心烦，事情总会有转机，生活不会永远都不如意。"

生活不会永远让你如意，但是你可以想些办法让自己轻松一些。不管遇到什么样的麻烦，相信事情一定会有转机，这是一种看淡看开主动放弃消极情绪的做法，用这种态度生活的人，总是能很快地从烦恼里走出来。

你还在为眼前不如意的事情生气吗？不要让一时的不如意困扰你的心情，笑一笑，你会发现，天大的问题终究有解决的方法。地球一直都在转动着，从未停止，我们面对的问题也是如此，凡事都会有转变，只要乐观对待，该放弃的就放弃，该坚持的努力坚持，你终究会等到好运。

51. 活到最狂妄的年龄时，他忽然残废了双腿……

人生中经历的每一道伤痛都将是最终问鼎成功后的勋章，但是想要从伤痛中汲取力量，往往需要自身默默地努力。

痛是一种贯穿身体和心灵的感觉，这种滋味只有经历过的人才能够体会。当面临伤痛时，有些人总喜欢向别人倾诉自己有多痛苦，而有的人则乐意去做一个心灵导师。言语所能表达出来的，往往不及真实伤痛的百分之一，而那些被深埋的伤痛则是一把既可伤人也能利人的双刃剑。

当他“活到最狂妄的年龄时忽然残废了双腿”，于是便每日来到人迹罕至的地坛公园，在寂静的天地中思考着关于生与死的问题。最后他终于明白：一个人，出生了，这就不再是一个可以辩论的问题，而是上帝交给他的一个事实。最终，他接受了这个苦痛，包括生命中最不能忍受的残酷和伤痛。

后来，他开始将自己的目光转向周围的人，试图看看别人是怎样的命运和活法。首先他看到的是为自己操碎了心的母亲，他明白自己所有的痛苦和不幸到了母亲那里都是要加倍的。他还看到了一个漂亮但智障的少女、一个有着长跑天赋的残疾朋友、一对非常恩爱的失明夫妻……

通过对周围人的观察，他加深了对命运的认识："这是一个因苦痛而有差别的世界。就命运而言，休论公道。如果被选中去充当那苦痛的角色，就勇敢地去承担。"

通过思考，他想到问题最关键的部分——人应该如何看待自己的苦难。在地坛的日子，他终于明白了：以最真实的人生和最深入的痛苦为基础，将自己的生命放在天地宇宙之间而不觉其小，反而因背景的恢宏和深邃更显生命之大。

这个人就是史铁生，一个下肢没有活动能力，几十年都坐在轮椅上的人。他将自己对生命的思考，以独特的视角和思维方式写了下来，创作出大量引人入胜的文学作品，其中流传最广的一篇文章当属入选中学语文教材的《我与地坛》，给弱者力量和勇气，也启发所有人对生命的思索和领悟。

"活到最狂妄的年龄时忽然废了双腿"，史铁生的人生遭遇无疑是痛苦的，但他对生命的思考、对伤痛的思考达到了一种更为广阔的境界，"这是一个因苦难而有差别的世界，就命运而言，休论公道"。也正是在这种领悟中，他完成了生命的蜕变，将生命中的苦痛变成了自己走向成功的一枚闪亮勋章。

当然，不是每一个遭受伤痛的人都能够成为"史铁生"，也不是只有经历过灾难才能最终取得成功。伤痛不是成功的必备条件，但是能够跨越伤痛则是成大事者所必须要经历的道路。

不要花费太多的精力在伤痛本身上，而要从伤痛本身学习到新的知识。英雄不问出处，成大事者没有多少人会在意自己曾经历过多少不幸和伤痛。

鹰是动物界寿命最长的动物之一，它一生大概能够活到70岁，相当于一个成年人的寿命，这样长的寿命对于生活在恶劣环境下的飞禽来说真的很不容易。但是，很少有人能够了解鹰能活到70岁的原因。

鹰在40岁之前，尖爪锋利，在天地之间自由翱翔，在大海上与鱼类搏击，理所当然地成了百禽之王。它的尖喙、锐爪和坚毅的翼，是最好的武器。凭借自身的优势，它可以在天地间自由地捕捉猎物。但是，由于生理机能老化，鹰到了40岁，优势就会慢慢地会变成自己的累赘。此时，尖锐的鹰喙又长又弯，锋利的双爪也会变得越来越钝，这样的鹰喙和双爪根本无法使它无法捕食猎物。更糟糕的是，到了这个年龄，鹰全身的羽毛会变得厚重而浓密，沉重的翅膀让鹰飞翔得越发艰难，既不能捕食猎物，也不能自由翱翔，死亡的命运仿佛已经注定。这个时候，鹰需要做出选择：要么悲惨地等待死亡的来临，要么熬过一时的苦难，重生！

鹰的重生要经过一个十分痛苦的过程，它要经受住150天的漫长蜕变。首先，它必须努力飞到一个人类和其他动物不能轻易到达的山顶。这样可以保证它在蜕变过程中生命不会受到威胁；其次，鹰要不断地用自己的喙击打岩石，直到鹰喙完全脱落。脱落之后，还要等待新的鹰喙长出来；还要用新长出来的喙把爪上老化的趾甲一根一根地拔掉，接着再耐心等待新的趾甲长出来。然后，用新长出来的趾甲将身上的羽毛拔掉，再等3个月，新的羽毛长出来以后，便又可以展翅翱翔了。

在这个过程中，鹰要遭受巨大的折磨。对于它们而言，只有舍弃过去的自己，重新开始，才能迎接那之后的30年岁月。可以说，它之后的30年生命，是从苦难之中搏来的。雄鹰的威猛、长寿，是凭借其在遭受苦难时拥有勇敢重生的坚韧信念而获得的。蜕变重生时的苦难是怎样的难以忍受，重生后的人生又是怎样的美好与可贵！

人生也是如此，伤痕累累的人拥有比其他人更丰富的经验，也有更加接近成功的决心。在获取成功的那一刻，经历过的所有伤痕都是代表绝望与希望的勋章。在绝望中寻求希望，对痛苦付出真诚，慢慢从中学习，使自己不再迟疑，这是一个成功者应该有的素质，也是通往成功的必经之路。

52. 为什么我们从小听了那么多大道理，却依旧过不好自己的生活?

前人经历无数挫折和失败总结出很多道理，从小我们就听着这些成长，以为这样自己就会有顺风顺水的成功人生，可谁知就算完全照做，也过不好自己的生活。因为你永远无法复制，只能学习，你只是你，独一无二。

很多人在迷茫的时候，会非常想得到其他人的指点，就像彷徨于十字路口，想要找人问路一样。可真正得到建议后，又陷入更大的痛苦，该选择谁的建议、接受谁的指引?

报考院校时，几乎每个考生的亲戚们都是热情洋溢，为我们出谋划策，有人说计算机专业好，有人说自动化专业妙，各持己见。他们的出发点是为了我们好，为了我们以后能有一个高薪体面的工作，能少走一些弯路，但他们都忽略了一个重要的问题——我们是否喜欢?

长辈们是过来人，他们都有过梦想，但最后往往都无疾而终，选择了平凡的人生。他们给我们的建议，无一不是综合考虑了自身经验，他们想以过来人的身份告诉我们：过日子，就是折断梦想的翅膀，行走在柴米油盐的日子中。

其实不只是父母亲属，当你遇到难题，向他人请教时，别人也多半会从自己的立场和角度出发，权衡利弊后给出自认为最科学的建议。他们自然不会去想你喜欢的是什么，你真正需要的又是什么。

这无可厚非，毕竟每个人看事情的角度和价值观都是不一样的。他们会以自己的经历为路标，想让你有惊无险地走过暗流汹涌的道路。

只是，他们的好心真的有百利无一弊吗？他们在自己生活中汲取的经验，真的能无比契合地适用于我们吗？

每个人都是独一无二的，不仅是性格与身体，更是每个人异于他人的生活经历。就像成功不可复制一样，别人屡试不爽的成功经验，未必会对你奏效。

别人的经验，始终是别人的经验。也许会对你有帮助，却无法让你每一次遭受变故和磨难时都如履平地。

别人的观点和看法，你仅能借鉴，更应该从中学到的是一种处世的态度，而非具体的生活方式。就像数学例题，老师想通过它给予你的，是一种思维方式，而非解题答案。

人生如同一张试卷，这张试卷没有标准答案，你有大量自由发挥的空间。最终成绩如何，跟你对例题的熟悉程度无关，跟别人对你的讲解次数也无关。真正决定成绩的，是你的思维方式以及解题经验的积累。

你能否在面对困境时从容不迫，完全取决于你的亲身经历，以及你在困境中跋涉时，是否用心去思考。

一手缔造了苹果帝国的乔布斯曾说过：“你的时间有限，所以不要为别人而活。不要被教条所限，不要活在别人的观念里， 不要让别人的意见左右自己内心的声音。最重要的是：要勇敢地去追寻自己的心灵和直觉，只有你自己才知道自己的真实想法，其他一切都是次要的。”

是啊，只有自己才能卸下伪装，也只有自己才能看透内心的想法。很多关于人生的问题，只有扪心自问得来的答案，才是最贴合自己的。

我们有自己的方向，有自己的想法，有自己的相遇离别和机缘巧合。世界那么大，而你只是你，你也只能是你，刻意模仿与照本宣科，只能是东施效颦，让你最终学成个四不像还招人笑话。

在韩寒的电影《后会无期》中，苏米说过一句话：“从小听了很多大道理，可依旧过不好我的生活。”就像再如何熟记公式，也无法解开所有的难题一样。对待旁人的建议，我们要像对待甘蔗一样，去掉表面的皮，然后慢慢咀嚼，吸取我们所需的精华与营养。

人生路上，要有自己的思考与态度，不要在别人的言语中迷失自己，或者妄图变成别人的样子。

世界虽大，却只有一个与众不同的你。

第八章

拼搏：

不要让将来的你，讨厌现在的自己

53. 恒心，就是天长日久地对一件事情“上瘾”

胜利永远属于那些做任何事都持之以恒的人。

凡事贵在持之以恒，恒心是可贵的。无论做何事，都要有恒心，那些凡事只是浅尝辄止的人，是成不了大事的。凡事持之以恒，能始终如一的人，才能实现梦想，才能享受到好梦成真之后的喜悦。

耐跑的马儿才会脱颖而出，有恒心的人能笑到最后。

尼古拉是英国十字军的骑士，在一次行军作战时，他不幸被俘，成了一名奴隶。但他没有对生活失去希望，他一直梦想着有一天能回到英国，并且积极乐观地活着。最后，他不仅赢得了主人的信任，还赢得了主人女儿的爱情。

即使如此，他也始终没有放弃回归英国的梦想，他一次次地想法子逃跑，最后，终于回到了英国。

他逃跑后，主人的女儿依然对他念念不忘，萌发了去英国寻找爱人的想法。但是，这个可爱的姑娘根本不会说英语，只会说两个词：一个是“伦敦”，另一个是“尼古拉”。

这个姑娘怀揣着寻找爱人的梦想出发了。在路上，她见人就一遍一遍地说“伦敦”，最终她登上了一艘开往伦敦的船。

到了伦敦后，她见人就问“尼古拉”，结果，在别人的指点下，她抵达了尼古拉居住的那条街。然后，她就开始喊“尼古拉”。

听到她呼唤的声音，很多人都会到窗口看一下，尼古拉也跑到了窗口张望，当他看见窗口外是心爱的恋人时，他冲了出去，与爱人紧紧拥抱。

大家都听过愚公移山的故事。愚公带动一家老少，日复一日、年复一年地搬运着一座大山。

现在我们已经有现代化的机械工具，但我们缺少的，却是愚公那种百折不挠的恒心。

无论做什么事，都一定要有恒心。只要你有恒心，不管在别人看来是多么不可能的事都能变成可能。

童第周出生在浙江省鄞县一个偏僻的小山村里。

一天，童第周看到屋檐下的石阶上有一行小坑，他就不解地问父亲：“那屋檐下石板上的小坑是谁敲出来的？”

见儿子这么好奇，父亲便耐心地回答道：“这不是人凿的，是檐头上的水滴下来敲打而成的。”

“啊？小小的水滴有力气把坚硬的石头敲出坑吗？”

“一滴水当然敲不出坑，可是时间长了，一滴滴的水，不断地敲，不停地敲，就能敲出坑了，而且还能敲出一个洞呢！所以，就有‘滴水穿石’一说嘛！”

曾经有一段时间，童第周不想读书学习了，父亲就用这个故事教育他，并书写了“滴水穿石”四个大字赠给他，以鼓励他好好读书学习。

童第周将父亲的字与话铭记在心，每当在学习上遇到困难时，他就会用“滴水穿石”来激励自己再坚持下去。

读中学时，由于他基础差，学习有些跟不上了。第一学期结束后，他的平均成绩只有 45 分。学校找他谈话，令其退学或留级。

为了提高学习成绩，他在学习上狠下功夫。每天，天刚蒙蒙亮，他就在路灯下读外语；夜里熄灯后，他又去路灯下自修复习。

他的学习成绩自然很快有了提高，平均成绩达到了 70 多分，几何还得了 100 分！自此，他明白了，世上没有天才，大家的成绩都是通过坚持、努力得来的。

小小的水滴只要长年坚持不懈，就能把坚硬的石头击出坑。一个有梦想的人，只要坚持不断地学习、持之以恒地去实践，就一定会成功。

很多时候，我们对自己所做的事情没有恒心，做到一半，还没有看到成绩就先放弃了。其实成功者大都对自己所做的事情非常“上瘾”。不到目的不罢休，废寝忘食地把自己的精力全部投入到正在做的事情上面，就会形成一股强大的力量，把事情做好。

54. 每一次成功的背后，必定隐藏着无数不堪回首的往事

如果说对别人尽可能地容忍是一种雅量和胸怀，是一种人生境界，那么容忍自己，容忍目前的处境则是一种品德。

人生处处皆是坎坷，关键是以怎样的心态面对这份坎坷。不堪忍受颠簸，在坎坷中倒下，那就只能永远倒下；抵住磨难、跨过坎坷，就能步入坦途。这是一道选择题，也是人生中的一道必答题。忍耐痛苦，方能破茧成蝶；历尽坎坷，才知人生真谛。如果一个人受尽人间疾苦，依然屹立不倒，那么，还有谁比这样的人更强大呢？“卧薪尝胆”的勾践、忍受“胯下之辱”的韩信，他们都是在经历了巨大的屈辱之后，成就一番事业的。当然，忍耐痛苦需要一种力量，更需要一种信念，那就是最终能实现梦想、破茧成蝶的信念。

本田公司的创始人本田宗一郎是一个极富传奇色彩的人物，也是一个有着超强忍受力，经历了大风大浪仍百折不挠的人。

20世纪30年代末，本田先生虽已成家，但其实还是一名涉世未深的学生。那个时候他变卖了所有的家当，全身心投入到自己的实验中，即制造汽车活塞环。他夜以继日、不辞劳苦地工作着，常常夜宿工作室，为的是

早点把产品制造出来，以便卖给丰田汽车。期间，他曾经一连几日不眠不休，在资金短缺时，甚至变卖过妻子的首饰。

幸运的是他最终成功了！那一刻他无比骄傲，沾沾自喜。可是，他高兴得太早了，丰田公司审核他的产品质量不合格，不能投入使用。

这无疑是一盆冷水，不仅泼灭了他的希望，也泼没了他脚下的路。然而，他并没有颓废，而是重新收拾好心情，以一种破釜沉舟的心态重新上路，用两年的时间苦修专业知识。期间，他做出的一些常人难以理解的举动，常被学校的老师嘲笑为不切实际的愚蠢行为。可他无视这一切，依然咬紧牙关朝自己的目标奋进。最终在两年之后获得了丰田公司的许可，与之签订了购买合约。他成功了。

后来，他决定建造一座工厂批量生产产品。可是随着二战的爆发，前方物资吃紧，政府禁卖水泥，这又断了他的后路。可他并未因此放弃，而是另辟蹊径，和工作伙伴研究出了制造水泥的方法。水泥制造出来了，厂房也建好开始动工时，大部分的制造设备又在美军的轰炸中被毁。而当他终于找到解决的方法，将美国飞机丢弃的汽油桶作为制造用的材料时，又发生了一次地震，将整个工厂变成了废墟。此时，本田宗一郎别无他法，只有把制造活塞环的技术卖给了丰田。

各种巧合将他多年的心血毁于一旦。面对这些，本田宗一郎并没有怨天尤人、一蹶不振，而是默默地忍受了，磨出了一颗坚韧的心，在接踵而至的打击中练就了一颗不服输的心。

二战结束后，日本汽油严重短缺，很多人无法开着车子出门，日常出行成了最大的问题。在全民抱怨声中，本田宗一郎想到一个新的方法，即把马达装在自行车上，这样的组合会很省力，而且速度也有很大的提高。

他把想法付诸实践，并且不断改善，成品就是在20世纪风靡全球的本田摩托车。摩托车的发明使本田宗一郎获得了丰厚的回报，也正是摩托车的风靡成就了今天本田汽车制造公司的规模和巨大影响力。

每一次辉煌的背后，肯定有一个凤凰涅槃的故事；每一次成功的背后，也必定会隐藏着无数不堪回首的往事。奥尔珂德说：“眼因多流泪而愈益清明，心因饱经忧患而愈益温厚。”饱经风霜的摧残之后，仍能有一颗宽厚仁爱之心自然是难得的，而能在挫折和磨难中屹立不倒，凭着自身的意志忍受住万般痛苦和煎熬，最终拨云见日、破茧成蝶的品质就更难能可贵了。人总是在挫折和磨难中展示强大的生命力，在无数次的生死抉择面前显示顽强的意志力，因此，我们唯有选择忍受痛苦，熬过去、撑下去，才能延长生命、拓宽生命，才能实现生命永恒的价值。

苦难是人生必经的河流，而忍受则是渡河时耐住狂风骤雨的寂寥、破茧成蝶的能量。

55. 耐心，最应该坚持的“任性”

生命的过程就是一个等待的过程，要到达彼岸、要到达山巅、要到达天边都应有一份耐心和淡然。善于生活和热爱生活的人，总会在等待中默默收获美丽。

人生的过程就是在等待，这个等待的过程有幸福也有悲伤，有幸福也有苦涩。但等待的过程不只是苦涩的，更是一种享受，我们要学会去欣赏。你若不留心观察，便错过了这美好的瞬间，增添人生遗憾。

1867 年，喜欢到处旅行的安东尼奥 · 雷蒙达曾徒步在 4000 多米海拔的安第斯高原荒凉的草地上发现了一种巨大的草本植物。这株不知名的植物开着巨大的花儿，花茎高达 10 米，十分壮观，像一座座矗立的塔。而且每根花茎上的花朵多达上万朵，空气里弥漫着令人陶醉的花香。雷蒙达走遍世界各地，这种植物是他第一次见到，感到十分惊喜。紧接着，他又发现一种现象，有的花正在凋谢，而花谢之后，植物便会枯萎而死。这更引起了他的好奇，花落即亡，这到底是什么植物？

这种令安东尼奥·雷蒙达惊奇的植物名叫普雅花，它的花期只有两个月，花期期间，万花齐放美到极致，枯萎之时又凄美到战栗。但你可知，它为了仅仅两个月的花期，已经默默地等待了100年！百年漫长时光的等待只为这一次灿烂的绽放，也为了证明等待中的生命是那样的充满魅力。

普雅花要100年才可以开花，花开放时香气四溢，那壮观的景象让人见之忘俗。当千万朵花一齐绽放时，如同千万只蝴蝶一同扇动翅膀。自然界没有哪一种植物可以像它一样在高原上忍受百年寂寞，只为短短60天的美丽。但它熬过去了，然后美丽绽放。

等待的过程也是一种美，因为锻炼了你的耐力和毅力。若你想从失败的泥潭里重新站起来，就要耐心等待，踏实苦干，当你攒足了力量，机会一来，你离成功也就不远了。若是你缺乏耐心，就算机会砸到你头上，成功也不会眷顾你。也许无聊难耐的等待中会有一点波澜不惊，甚至痛苦难熬。但要想成功，就得学会等待，并且善于等待。

对于在困境中的人们来说，奔向成功的日子就像是黎明前的黑暗一样，总是特别难熬。他们非常焦急，希望能尽快从困难的阴影里走出来，获得成功。于是，没有耐心的人这个时候往往显得有些焦头烂额。其实身处困难中的时候，也是最需要忍耐的时候。这时，成功似乎遥不可及，但如果你能通过它的曙光看到希望，并且愿意为它长时间忍耐，你一定会等到“夜尽天明”。

要想让自己耐心地等待天明，有很多的方法：

1. 确定目标时一定要根据自己本身的能力来安排

如果一个经过训练也只能举起50公斤的运动员，你要他举起100公斤，那就超出了他的能力，即便他有再好的耐心和毅力，坚持按照教练的要求来训练，最后成功还是会与他无缘，为此付出的努力也只会白费。

2. 我们应该尽量选择自己感兴趣的事情

兴趣是最好的老师，值得注意的是：喜欢一件事情和把喜欢的事情坚持下去是两回事。喜欢是随心所欲的，想做就做，想放弃就放弃，但坚持则需要有可以达成的目标，要有很大的耐性和抵挡诱惑的能力。将自己喜欢做的事情坚持下去并且做出成绩，要比绞尽脑汁去做一件自己不喜欢的事情要轻松容易得多。

3. 有耐心并不是消极地等待

守株待兔的那位农民很有耐心，但是他忘却了自己最应该去做的工作，违背了自然界的普遍规律，即便在树桩旁守候几百年，捡到兔子的概率都为零。耐心指的是我们在还没有获得成功时，为了达到成功的目的，所必须做好的准备：时间上的准备和精力上的准备。这个过程可能很漫长，更重要的是，在这个过程中，我们必须周密部署，不懈努力，提高自己解决困难的能力，这样才能收获最好的。

56. 寂寞，是用时光雕琢自己的方式

能够守得住寂寞的人，必然是洒脱的、独立的人，是一个真正能成大事的人。他们知道心中的向往，知道心灵的归宿，能够看到别人看不到的美景和繁华。

高高耸入云端的山峰是寂寞的，因为别的山峰无法达到它的高度；高原对蓝天是寂寞的，因为没有谁拥有它那样的辽阔；懂得阳春白雪的人是寂寞的，因为很少有人能懂得其中的玄妙。寂寞的深处，蕴藏的往往是极致的美。

其实，寂寞并没有我们想得那么可怕，寂寞的来临能够验证我们的坚韧和方向。一个拥有高尚的灵魂的人，不会因为别人的闲言碎语而动摇，就算是嘲笑，也能从中得到满足。

唐代大诗人李白说："古来圣贤皆寂寞。"是啊，看古今中外，哪一个成就大事的人没经历过人生的大起大落，而在这过程里，必有寂寞的基调。

公元753年，张继信心满满到长安参加科举考试，他觉得自己一定能够考中。可事与愿违，等到公布榜单的那一天，他根本没有发现自己的名字。

心灰意冷之下，他只得打包行囊准备返回家乡。

张继乘船到了苏州，若是以进士的身份回乡，他定会兴致勃勃欣赏一番沿途风景的，只可惜他名落孙山，失去了游玩的雅兴。张继觉得滔滔江水，像是在耻笑他之前的自信，心里是无尽的哀愁和忧伤。落寞的张继和这一叶扁舟孤独相伴。

独自坐在船头，寒风萧瑟，凌乱的发丝遮住双眼。此时的张继，心中茫茫然，仿佛自己就是那江中的一叶孤舟，飘飘摇摇，没有方向、没有轨道，不晓得停在哪里，又去往何处。距离考试结束已经过去有一段时间了，可心中的情绪依然难以平静，翻江倒海无人知，也无处说。迷茫中想起家中父母临行前的殷殷期盼，自己的豪言壮语，他思绪万千久不能眠，在痛苦中反复煎熬。

从水上传来了寒山寺的钟声，对于寒山寺来说是日常的夜半钟声，却一声声撞进了张继的心里，泛起了阵阵辛酸的苦涩。他更睡不着了，索性摸出纸笔，黑暗中写下了一首《枫桥夜泊》：“月落乌啼霜满天，江枫渔火对愁眠。姑苏城外寒山寺，夜半钟声到客船。”

一千多年后，天宝十二年的那场考试人们早就忘记了，跨马游街、琼林赴宴的风光面孔也早就消失在了历史中，人们记下来的，是那个叫张继的书生和他所作的那首脍炙人口的诗篇。

耐住寂寞的人，也往往是最能守住寂寞的人。奋斗的路途中，会不可避免地遇到寂寞，只有寂寞才能让心灵保持一尘不染，先天才华才不会被世俗吞噬。

一只小河蚌从出生开始就被卡在水底的岩石缝里，静静地看着水中游来游去的鱼儿。

“喂，你好！我从出生一直待在这里，没去看过外边的世界，你能告诉我外边的世界是什么样子的吗？”小河蚌叫住一条正在身边游来游去的小鱼。

小鱼被小河蚌吓了一跳。“哎，大家快来看啊！这个家伙长得好奇怪啊！”小鱼惊奇地叫嚷着。周围的小鱼都围了上来，好奇地看着小河蚌，有的胆子大的还上来啄了几下小河蚌身上的青苔。

“我只是没见过外面的世界，你们谁讲给我听好吗？”小河蚌明显有点儿害羞。

小鱼们你看看我，我看看你，笑了起来：“嘻嘻，他连外面的世界都没见过，真有意思。”

“喂，跟你说了，你不还是不知道？”一条小鱼靠近他，满是嘲讽地说道。

“可是，可是我就是想知道嘛。”小河蚌不安地闭合了两下贝壳，这一举动吓坏了周围的小鱼，“唰”的一下散开了。

“这家伙还想吃我们呢！”“教训教训他！”“对，教训教训他！”小鱼们叽叽喳喳地商量着。

“喂，你张开你的壳儿让我们看看，我就告诉你外面的世界是什么样子的。”一条小鱼坏笑着说道。

“真的吗？”小河蚌很高兴，痛快地张开了自己的壳儿。

另一条小鱼瞅准机会，将一粒小石子用尾巴使劲扫向小河蚌，打在了小河蚌贝壳里柔软的肉上。

“嗯！”小河蚌痛苦地闭上了壳儿，伤心地哭了起来，那些小鱼则大笑着游开了。

从此以后，小河蚌再也不敢轻易地打开壳儿，只在没人的夜里悄悄打开，看看眼前早已看遍的一切。嵌在身上的石子，它拿不出来，为了不让它磨自己，小河蚌只能不断地分泌着黏液，把它包裹起来。时间久了它变得越来越大，越大就越磨身体，小河蚌就越使劲分泌黏液，慢慢地石子竟与小河蚌融为了一体。

有一天，小河蚌又听到了外面有叽叽喳喳的声音，好像是当初那一群小鱼的声音。

“这家伙还在这啊，长大了啊？”“是啊，越来越丑了。”“喂，你知道外面的世界是什么样了吗？”小河蚌终于听不下去了，使劲地张开了壳儿。就在这一瞬间，华美的光芒氤氲，小河蚌终于看清了水底的世界，有鱼有虾，还有水草，有漂亮的岩石。小河蚌高兴极了，当它想告诉那些小鱼的时候，才发现它们早就逃得没影了。

坚持梦想的人，势必会遭到冷眼和嘲笑，也会面临寂寞和孤独，但是这并不能阻碍他们寻找世界的路。在这条寻梦的道路上，他们知道会有各种各样的困难在等着自己，但是他们心中有希望，有对梦想的坚定信念，所以他们走得义无反顾，走得昂首阔步，走得快乐幸福。当他们最终到达终点的那一刻，所绽放出的璀璨光华，让世界瞩目。

57. 关键时刻，能救你的只有你自己

信念是一种坚不可摧的力量，它是突破逆境的一把利器、走向成功的必要助推器。倘若你能坚信自己的成功，那么必定能获得成功。

在攀上人生巅峰的艰难路途中，也许你并没有人生导师，身边也没有朋友可以依靠，你必须要依靠自己。在被困难拦住时，给自己一支“强心针”。

一天，三个失意的旅人由于路上没有落脚的旅店，无奈之下准备在一座破庙凑合一晚上。他们百无聊赖地参观这座破庙，在后院惊奇地发现在两檐之间有一张很大的网。他们心里疑惑：难道蜘蛛会飞？不然怎么能结这么大的网？两个屋檐之间足足有一丈宽，第一根线是怎么拉过去的？他们仔细观察，发现蜘蛛并不是会飞，而是绕了许多弯路——从其中一个檐头起，先打结，然后顺墙而下，一步一步向前爬，小心翼翼翘起尾部，不然丝会粘在其他物体上，扯着丝走过空地，再小心地爬上对面的檐头，等高度差不多了，再把丝收紧，这样第一根丝就编织好了，之后的丝也是如此。不知过了多久，这张大网才算结成。

然而夜里一场暴风雨，蛛网不可避免地破了。这只蜘蛛又艰难地开始

重复过去的工作。它向墙上已经支离破碎的网爬去，但由于墙壁潮湿，它爬得很艰难。

第一个旅人看到了，叹了口气说："我的这一生就如同这只蜘蛛一样，忙忙碌碌却最终一无所得。"后来，他一天比一天消沉，终其一生，穷困潦倒。

第二个旅人看到了说："这只蜘蛛真笨，湿漉漉的地方不好结网，就不知道换个干燥点的地方吗？我绝对不会像它那样愚蠢的。"后来，他凡事都挑简单的做，碌碌无为过完一生。

第三个人也看到了同样的情景，但他却被蜘蛛屡败屡战，坚持不放弃的精神感动了。后来，他变得坚强起来，恢复信念，为自己的事业打拼不放弃，最终获得了成功。

蜘蛛勤奋、努力、沉默而坚韧，即使不会飞翔，也能把网结在空中。它的网织得精巧而规矩，像极了八卦阵，如有神助。这不由得让人想起那些不爱说话却肯踏实付出的成功者。蜘蛛结网屡败屡战、从未放弃，我们若能够从中获得信念的力量，那你有多么坚定，人生就有多灿烂！

在沙漠腹地，有一支探险队顶着毒辣的太阳负重跋涉。由于天气干燥，探险队的队员们都渴得厉害，但他们因为遇到意外，水已经没有了。水是队员们穿越沙漠的信心和源泉，是苦苦搜寻的求生的希望。

在队员们快要坚持不下去的时候，探险队的队长忽然翻出了一只水壶，声音沙哑地对队员们说："其实我这里还有一壶水。但这壶水只有穿越了沙漠才能喝，在那之前，任何人都不能喝。"

那"装满水"的水壶在队员们的手里依次传递，果然沉沉的。每个队员又重新燃起了对生命的渴望。

身心俱疲、干渴难耐的探险队员们终于一步一步穿越了茫茫沙漠，逃离了死亡线。当他们为走出沙漠腹地，喜极而泣的时候，突然想到了那壶支撑他们走出死亡的水。

拧开壶盖，里面只是一壶沙子。

其实，拯救他们的哪里是那一壶沙子？而是他们执着的信念。这信念就如同一粒种子，在他们心底生根发芽，带领他们走出“绝境”。

事实上，人生是没有真正的绝境的。无论遭遇怎样的困境，经历怎样的磨难，只要心中有一颗信念的种子，这颗种子最终都会让生命开花结果。

相信自己的人，总会找到走出困境的办法。悲观失意者常说：“我觉得这件事根本完不成。”“失败是早晚的……”这种悲观的信念和态度正是失败的根源。

58. 如果你连今天都把握不了，也很难把握明天

人生虽短，恐惧难免，需要勇气，克服困难，追求我们的成功或者是我们的尊严。故有恐惧才有勇气，而有勇气便可有魅力人生。

记得有一本叫作《少有人走的路》的畅销书在序言里提出了很多问题，其中一个问题就是：应届大学毕业生选择考研的动机仅仅是害怕毕业。他们是害怕毕业，还是在拒绝成熟？

一位叫作阿K的朋友，在快要大学毕业的时候，给他的一位老师写了一封邮件：

“您好，我是阿K，您的一名学生，现在我马上就要毕业了，可对未来一点信心都没有。小时候，我有好多梦想，如今都没有实现，尽管一直渴望或者说幻想着有一天自己也能拥有一个美好的未来、一个精彩的人生。然而，国内的就业形势实在不是很乐观，我感觉要实现自己的梦想实在是太难了。现在我正面临一个艰难的抉择：是直接找工作还是考研？我真的好迷茫，不知道应该如何找寻自己的出路。我实在是找不到方向。”

现实生活中，像阿K这样的人还有不少，他们对未来充满了迷茫，不

知自己的未来究竟在哪里，甚至有些人即使有一个美满的婚姻、事业有成，内心仍然充满了恐惧，怕眼前的这个人不会永远对我们好，怕所在的行业会突然不景气，等等，就这样忧心忡忡，每天都活得很累。

凡此总总，都有一个原因——对未来充满了恐惧。人一旦被恐惧控制，对未来过多焦虑，就会自暴自弃，怨天尤人，彻底地成了恐惧的奴隶。这样的人哪怕做一些简单的事，也会谨小慎微，战战兢兢，心里面没有任何安全感。他们找不到心灵的依托，觉得什么都会变，什么都不可信。

不要太相信“人无远虑，必有近忧”的话，因为谁也不知道将来会发生什么事情。最为紧要的是抓住今天，认认真真地活在当下。阿 K 不知道是直接找工作还是考研才算得上真正的出路，分析他的心理，阿 K 是因为看到身边很多人无法找到一份合适的工作而苦恼，所以觉得考研是一种不错的选择，但心里又很矛盾，因为觉得考研是一种逃避的行为，毕竟，研究生毕业后，依然还得找工作。其实，现在他缺少的不是谁给他指出一条出路，而是学会如何面对未来的恐惧。一个人只要学会直面恐惧，把自信建立起来，那么不管是考研还是直接找工作，都算是一条不错的出路。

琳琳大学毕业后迟迟找不到工作，她对自己的未来越来越担忧。

母亲对她说：“孩子，没有什么可怕的。”

她哭丧着脸说：“可我真的很努力去找了，但是人家看不上我，我也没什么办法啊！现在让我不担忧，我总不能继续做啃老族吧。”

母亲笑着对她说：“工作不好找，那就先静下心来做一些别的事情，真的没有必要过于担忧未来的事。”

“那好吧！我听您的。”琳琳有些无奈地回答道。

一个礼拜后，琳琳接到录取的通知。这本来是一件很令人高兴的事情，但是她的老毛病又犯了，她担心自己是否能做得顺心。

母亲对他说：“孩子，努力去做，别瞎想。”

琳琳开始了人生的第一份工作，一干就是三年。如今已经是这家公司里举足轻重的人物了。她对未来也不再担忧。

很多人可能都是这样，还没毕业的时候害怕毕业后找不到工作。找到了工作还害怕干得是否顺心，害怕下个月的房租能不能交上，还担心以后结婚的人是不是可靠。可是如今，回头看看，我们担心害怕的事情很多都没有发生。

认真想一想，人们为什么对未来感觉到迷茫？这其中有很多原因，但最主要的原因，还是他们不懂得如何去把握自己的未来。现在大多数人把握不住未来，是因为工作，尤其是现在的80后、90后绝大部分是打工族，如果你问他们：“打工是为了什么？”他们通常都会这样回答：赚钱。

一个人愿意留在一家公司工作的原因无外乎三点：第一，能在这里挣钱；第二，这里有上升的空间；第三，在这里可以学到东西，就算有一天我离开了，凭着在此所学到的东西也可以立足社会，这些学到的知识可以叫技能，也称之为经验，这些才是一辈子的财富。每个人都在选择，老板在选员工，员工也在选老板，主要是看你怎么去衡量这种关系。

假如现在有一份工作，每个月的薪水只有600元，甚至没钱，还必须签三年的合同，相信这样的工作没有多少人愿意干，因为这些人意识到未来是一个无底洞，即使自己付出了再多，依然无法实现他们的梦想。但是如果这份工作满三年后，你就可以凭借在这里学到的东西成功，相信很多人即使把头撞破了，也要想方设法得到这个工作，因为从中看到了未来的希望，用三年的光阴，换来以后三十年或是更长时间的辉煌。

当然，这只是一个假设，现实当中，没有哪份工作能提前告诉我们未来是什么样子。但是有一个事实是，如果我们连今天都把握不住的话，那么肯定也很难把握住明天。

59. 即使没人为你鼓掌，也要拼尽全力去做好

即便跌倒，也要豪迈地笑；即便没有人为你鼓掌，也要学会优雅地谢幕；给每一次演出，以及生活中的每一件事情都画上完美的句号。

人生很短，我们要不断探索外面的世界，不断发现生命中的机遇，不要总是躲在黑暗的角落里黯然神伤。只有懂得走出阴影的人，才会获得更响亮的掌声。一位诗人说过：“不可能每一个人都当船长，必须有人来当水手，问题不在于你干什么，重要的是能够做一个最好的你。”如果你能把身边的一切事情都打理得井井有条，你能让自己过得好，那你就是一个成功的人，即便没有掌声又怎样呢?

伴随着轰隆隆的声音，皮特开着他的小型运货车来了，车后还散布着灰尘。皮特是一个心灵手巧的人。在农场中没有他不会做的工作。虽然他已经上了年纪，但是这并不影响他干活时依然乐在其中。他摆弄起东西来就像雕刻家一样。有一天，皮特帮邻居们盖一个小垃圾棚。这个垃圾棚要隔成三间，每间放一个垃圾桶。棚子可以从上边打开，把垃圾袋放进去，也可以从前面打开，把垃圾桶挪出来。小棚子的每个盖子都很方便，门上

的合页也安得严丝合缝。

皮特后来又把垃圾桶的颜色涂成绿色，然后把它晾干。一位邻居走过来一看，马上被他的技艺惊呆了。邻居用手抚摸着光滑的油漆，心里很高兴。但是没想到第二天，皮特带回来一台机器。他把昨天涂好的油漆磨毛了，并且还不时用手摸摸，他说，他要再涂一层油漆。尽管别人看来已经很好了，但是皮特总是喜欢精益求精。

在皮特的世界里，没有什么是稀奇的东西。在农场里所有的东西都被皮特改造过，不管是他制作的还是拆卸过的。他一直做着实实在在却很有价值的工作。

当夕阳西下，皮特忙完一天的工作，收拾完自己的工具，然后把车开走了。人们想不明白的是，为什么皮特做了那么多，得到的这么少，还这么快乐呢？

皮特的一生虽然没有掌声，但是他知道自己为何而活。他知道自我人生的价值在哪里，虽然没有人为他鼓掌，但他赢得了别人对他的尊重。

懂得在这个世界上找寻自我的人，是永远不会迷失的。因为他们知道怎样的自己才能过好一生，怎样的人生才能让自己更加完美。

有一劫匪抢劫银行，不料警察动作迅速，他还没有逃走就被警察包围了，慌忙中他从人群中拉了一人当人质。他拿枪顶着人质头部，警告人质要听他的指挥，还威胁警察不要靠近。就在此时，那名人质突然呻吟了起来，劫匪慌张之下大声呵斥，叫她闭嘴，谁知那痛苦的呻吟声反而越来越大，最后变成了痛苦的叫喊。他低头看了一下人质，没想到人质是一名孕妇，看情况好像要生产了，鲜血蜿蜒染红了衣服，情况十分紧急。

劫匪心里十分纠结，拿不定主意，一边是痛苦而漫长的牢狱之灾，一边是一个即将出生的新生命，他不知道该如何选择。周围静得出奇，周围的人们以及警察都在密切地注视着他的一举一动，经过一番纠结，他选择把枪扔到地上，举起双手，警察立即拿手铐铐住了他，周围观众也都松了一口气。

当务之急是赶紧把已经出血的孕妇送往医院。劫匪这时突然祈求警察："请等一等好吗？我是医生！"警察有些迟疑，劫匪继续说："她现在的状况已经无法坚持到医院，随时会有生命危险，请相信我！"警察斟酌了一下，打开手铐。

一个生命降临了，人们相互拥抱庆祝，此刻罪犯手上的血是一个新生儿纯净的鲜血，他脸上露出了幸福的微笑。

孕妇顺利生产后，警察将手铐重新戴在他手上，劫匪抬起头，对警察说："谢谢你们让我尽了一个医生的职责。这个小生命让我觉得自己不是一名劫匪，而是一名救死扶伤的天使。"

在走向犯罪的最后一刻，他的良知被一个未出世的小生命唤醒。他放下了罪恶，选择了光明。这件事让他领悟到了自己作为医生救死扶伤的责任和人生的价值。虽然他仍然需要为自己犯的过错承担责任，但他的心灵不再蒙尘，可以走向光明。

在人生的舞台上，每个人都应扮演好自己的角色，走好每一步，没有鲜花、没有掌声也没关系，我们只要拼尽全力去做了，就能最大限度地实现人生的价值。

60. 用今天的泪水，浇灌成功的种子

你可以哭泣、可以疼，但不能绝望。今天的泪水，会铸就你明天的腾飞；今天的伤痕，会是你明天的坚强。

不必怀疑，世界上的所有人在本质上都是贪恋安逸生活的。只是，如果想要突破现状，获得更大的成功，就需要付出更多辛勤的汗水或逼自己一把。

在法国，举世闻名的作家雨果曾在1830年之际与一家出版商签订合约，规定他要在6个月内，写出一部能够出版的长篇小说。由于雨果出身于贵族，他几乎每天都有应酬，不是去参加大型宴会，就是要去参加晚会，直到有一天，他突然发现这样的生活状态根本不可能完成写作任务。于是，他做了一个决定：除了自己身上的内衣与家常服，他将自己所有的华丽衣服都锁进了衣橱里，之后将该衣橱的钥匙扔进湖中。如此一来，他就没有华丽的衣服穿出去玩乐了，自此之后，除却一日三餐与睡觉时间，就是致力于书桌前写作，结果很出乎意料，他原本制定的半年之期，竟然提前两个星期完成了！而这部只用了不到半年时间完成的作品，就是后来享誉世界的

文学巨著——《巴黎圣母院》。

战胜别人可能很容易，可是战胜自己却很难，如果想要改变自己长期以来养成的坏习惯就更需要付出百倍的勇气与毅力。

在美国纽约，戴维·帕特森是首位黑人州长，他更是美国有史以来第一位盲人州长，他曾在公开场合说："虽然我属于少数群体中的一员，又是少数群体中的少数群体，可是，我有能力做成任何事！所以，我不会为自己找任何借口开脱。"

在这个世界上，强者之所以能成为强者，就是因为他们坚信自己能够成功，能够创造出更加传奇的人生，所以他们为了梦想从不退缩，也不找任何借口，他们最后都取得了惊人的成功。

法国有一位名叫乔治·费多的著名戏剧家，但他少年时期创作的一些作品却得不到赏识。据说，当时最名不见经传的小剧场都对他的剧本不屑一顾。面对这样的打击，乔治·费多不仅没有放弃，还总是面带微笑地带着自己辛苦创作的剧本去寻找下一个合作剧团。

乔治·费多经过自己的不懈努力，终于找到一家小剧场答应排演他的剧本。只是，对于一个不出名的剧作者来说，观众并没有多大兴趣，这家小剧场甚至将自己的门票降到最低才迎来了平时一半的观众。他的剧本排演出来后，演员们总是面无表情，剧情也被演得乱七八糟，观众忍无可忍之下大喊大叫，演出进行到一半的时候，人们的谩骂声不绝于耳，演员的声音早已被淹没在观众的不满声中了。乔治·费多面对这样的场景，感到羞愧极了。他被打击得体无完肤，甚至在那个时候怀疑自己根本没有创作天赋。但是，没过多久，他就快速调整好自己的心态，继续开启新一轮的创作。

乔治·费多的一生中创作了许许多多的幽默喜剧，尤其是后来成名后，他的许多作品都受到观众的追捧与厚爱，其中代表作《马克西姆家的姑娘》在法国引起了广泛关注，曾一度到了万人空巷的地步。

然而，《马克西姆家的姑娘》这样的戏剧作品，在刚开始试演的时候遭到了史无前例的失败。这部剧的第一场演出同样是在一个名不见经传的剧场里，当演出开始的时候，观众席里嘘声一片，甚至有些情绪激动的观众开始大声谩骂。乔治·费多的内心几乎是崩溃的。但他做出了一个更加疯狂的举措——跑到观众最多、发出不满声最高的地方，与观众一起对着这部喜剧大声叫骂。朋友几乎以为他疯了，可是乔治·费多却在之后淡定地说道："我很好，之所以这么做，只是想要真切感受到观众的心情，以激励自己创作出更好的作品，我希望自己的作品能够真正感染观众。"

作为强者，就要敢于承认自己的错误，敢于面对人生中出现的一次又一次失败，只有这样，才能成就非凡的自己。面对失败，弱者会受到打击，强者却认为是一种激励，我们要记住：今天的泪水，会让你的明天变得更好。

第九章

突破：赢在终点才叫赢

61. 媳妇再狠，也带不走王宝强“熬”出来的成功

梦想是人生最美丽的憧憬，不过，要将这个美丽的憧憬变为现实，则需要走很长的路，需要穿越更多的风雨，历经千辛万苦。

如果一个人，没有关系、没有背景、没有一切先天优势，想要在这个社会上取得成功，就只有一个方法。那就是——熬！

成功就是熬出来的，在遇到挫折时要熬，在面对惨淡人生时要熬，在倾尽所有却依然得不到认可时要熬。熬，看似一种纠结、无奈，甚至是消极颓废的生活方式，其实仔细想想，这也是种通往成功的路。

熬过挫折、熬过痛苦、熬过世间万千沧桑，你总有梦想实现的一天。

有一只小松鼠，它有一个梦想——要去看大海。

它的父母得知了它的想法后，并不支持，在它们看来，外面的世界实在是太危险了，这孩子是要往火坑里跳啊！于是坚决不允许它去。

一天，父母出去办事，小松鼠趁机偷偷出发了。

结果，它离家第二天，就遇到了一个不小的麻烦：天下雨了，它却没有可以躲雨的地方，只能被淋成落汤“鼠”。

天终于放晴。小松鼠毛干了，日子又好过起来。

可没几天，它又在路上遇到了一个猎人。幸运的是，猎人的枪法不太好，小松鼠逃过了一劫，可腿却受了伤。

后来，小松鼠又遭到了狗的袭击……

小松鼠东逃西窜，遍体鳞伤，最难过的时候，也想到了硬着头皮回家。可一想到自己还没看到大海，它就继续一路向前。

终于，历尽千辛万苦，有一天它看到了大海。站在金黄色的沙滩上望着美丽的大海，小松鼠感觉特别幸福。

谁的梦想是那么好实现的呢？为了实现梦想，你必须经历艰难险阻，熬尽人生所有的苦难。

多年前的一个晚上，一所乡村小学的操场上，有一个双手托腮的小男孩在独自发呆。此时，他脑中浮现的，全是刚刚播放的电影《少林寺》中的片段。剧中李连杰的一招一式，都让他觉得会武功的人特别厉害。如果有一天，自己也能像李连杰一样，成为电影武打演员，那该有多好啊。

几天后，年纪不大的小男孩，有了一个想法：要去少林寺学武。

最初时，父母以为他开玩笑，没有当真。一见家长不当回事，小男孩就仗着年龄优势哭闹。最后，父母拿他没有办法，决定送他到少林寺学武去。

从此，小男孩开始了为梦想打拼的生活。

师父看小男孩的身材结实，上臂较强壮，就让他练二指禅。刚开始的时候，小男孩练功练得特别苦，每天练功结束后，浑身酸痛，有的时候疼得受不了，连喝水吃饭都变得特别难。

那段日子，由于家境不富裕，小男孩的生活也很清苦。可生活再清苦，练功再艰辛，小男孩依然风雨无阻坚持每天练功。

在少林寺学艺 6 年后，小男孩离开了。为了实现最初的梦想，他来到了北京。为了能在北京生存下去，为了能守护自己的武打明星梦，他在工地上搬过砖、运过沙子，为了寻找能当演员的机会，他在北影厂的门口蹲守 3 年。

都说十年磨一剑，小男孩为了圆自己的梦，用了 16 年的时间奋斗、打拼。最终，在影视业拼出了属于自己的一方天地。这个小男孩就是王宝强。就算现在他的老婆卷了公司财产劈腿、离婚，也永远拿不走他自己“熬”出来的成功。

“熬”是一个非常漫长的过程，其中的苦楚未必人人都能承受，即便忍受了，也不一定就能成功。

人生像一场博弈，只有你付出更多，准备够充分，才有可能占得先机，离成功近一些，更近一些。熬到最后，当所有人都退缩下来的时候，你就成功了。

大胆去闯，努力去追，你会发现，时间既然能把米熬成酒，把豆熬成酱，就一定可以把今天默默无闻的我们熬成受人尊敬的成功者！

62. 换个角度看人生，永远别怕从头再来

人生不完满是常态，而圆满则是非常态，很多事情，只要换个角度去思考，去观察，就会发现，生活并不是展现出的那么暗无天日、没有希望。

时代在发展，社会也在不断进步，在科学技术普及的今天，我们需要不断去学习才能跟得上时代的脚步。我们的生活或快乐、或痛苦、或幸福、或充满挑战，不管怎样，生活都不会一帆风顺，甚至会存在许许多多不如意的地方。其实，人生又何尝不是一条曲折的山道？当遇到磨难时，不妨换个角度看生活，正如人所说："上帝关上一扇门，还会给我们打开一扇窗。"让我们打开心灵的那扇窗户，换个角度看生活，也许会有另一道风景。

实际上，在我们的日常生活中，许多都是自寻烦恼，即都是因为看待问题的角度过于消极。因此，当我们在生活中遇上难以解决的问题时，只需要换个角度，就能看到积极的一面。

古时的人都很相信征兆，有一位国王尤其迷信。一次，他梦见自己国家的山塌了、水枯了、花谢了，不禁被惊吓而醒。于是马上把这个梦告诉了身边的王后，并让王后帮他解梦。

王后沉吟片刻，说：“从梦中来看恐怕要大势不好。山塌了暗喻国王您的江山要塌；君是舟，民是水，水枯了，舟也不能行了，所以水枯了恐怕是指民众离心；花谢了自然是好景不长的意思。”

国王本来心中不安，听了王后的解释又惊出一身冷汗，从此身患重病，再不能决断国事。

王国的宰相是一个聪明而忠心的人，听说了国王的情况，连夜要求参见国王，国王只得在病榻上接见了他。

“国王陛下，听说您龙体欠安，不知是什么原因，所以我特意来看望您。”宰相见到国王后很有礼貌地问候道。

于是国王就说出了他的心事，把自己的噩梦和王后的解释都一一道来。哪知宰相听后非但不替国王担忧，反而哈哈大笑起来。

“我的江山不保了，你怎么这样高兴，难道要造反吗？”国王又气又恼。

宰相回答说：“恭喜陛下，贺喜陛下！这是一个大大的好梦啊！”

国王被他弄得一头雾水，就问：“这怎么会是好梦呢？你快快道来。”

于是宰相解释说：“您梦见山塌了，是指从此天下太平；水枯了，是指真龙现身，陛下您是真龙天子；花谢了更是好兆头，因为花谢然后结果呀！”

国王听罢，全身轻松，大大赏赐了这位宰相，他的病也很快痊愈了。

一个梦境，总是会有不同的解释。就像一枚硬币，总是有两面同时存在。烦恼的人只会看见不如意的世界，身体和心灵都得不到解脱。只有懂得放下的人，才能够全面地看待事情，进入解脱与喜悦的境界。

其实，我们的人生就像世界上的一个个剧院，不会只有一处在上演剧目，很可能是多个剧院在同时上演着不同的剧目。也就是说，一面看上去惨不忍睹，但同时存在的另一面却可能光彩照人。只有学会从不同的角度打量自己，我们才会拥有淡定的心态，享受愉悦的人生。

在一个宁静的夜晚，河边有一个美丽的女子投河自尽。还好不远处有一个在夜里打鱼的渔夫，渔夫赶紧把船划到岸边，救起了自寻短见的女子。

在渔夫的抢救之下，女子睁开了眼睛，眼角满是泪痕。

渔夫连忙问道："你这么年轻、这么美，为什么要自寻短见呢？"

女子哭诉道："在结婚的第一年里，丈夫遗弃了我；在离婚的第一年里，孩子离开了我，我活着还有什么意思呢？"说罢，哭得更加伤心了。

渔夫见女子毫无求生欲，就又问："我想问你，两年前你是什么样的呢？"

女子回忆起自己从前的时光，黯然说道："那时我自由自在，对生活充满了希望。"

渔夫又问道："那时你有丈夫吗？"

女子答道："当然没有啊。"

"那时你有孩子吗？"渔夫接着问。

"也没有啊，我还没结婚，哪来的孩子呢？"女子被渔夫的问题弄蒙了。

渔夫微笑着对女子说："那你现在不过是被我的船送回到了两年前，又有什么好难过的呢？"

女子醒悟过来，揉了揉眼睛，大梦初醒。

渔夫帮助投河的女子换了一个看待人生的角度，女子马上找回了当年那个自由自在、对生活充满希望的自己。当我们觉得人生前路一片灰暗的时候，也不妨换个角度。商场失手，情场失意，刚好可以让自己静下心来，让自己解脱，铺垫新的基础，重新准备出发。

63. 人可以被打败，但不能被打倒

一个人能否在逆境中重新振作，不在于这场危机的冲击力有多大，而在于这个人是否有重生的愿望，是否能够依靠希望的指引，坚强地走出人生低谷。

希望，就是内心盼望达到某种目的或出现某种情况的一种欲望。它是人内心深处的一种渴望与精神寄托，是指引、推动人生向前发展的航标和动力。当一个人身处顺境时，希望是他内心的幸福与快乐；当一个人身处逆境之时，希望是在黑暗中指引黎明的启明星，是在人生风雨中引导人驶向梦想彼岸的灯塔。当陷入突如其来的危机中时，希望则是给予人信念与勇气的能量源泉，是鼓舞人化解危机、走向未来的动力支撑。

一个心怀希望的人，无论在任何境遇中都能够看到前途和光明，即使面对再大的危机、威胁与冲击，也无法摧毁奋斗的意志与勇气。因而，我们说，无论面临怎样的艰险和危机，都不要失去希望！唯有心怀希望，才可以被希望索引和支撑走向成功。希望可以最大限度地发掘人的潜能，使人在危机的困境中不放弃、不妥协，以顽强的毅力坚持、奋斗到成功的那一刻。

希望是一种精神力量，在危机中，希望的力量比知识与智慧的力量更强大。它就如同一副钢筋铁骨，支撑着人在强大的危机中屹立不倒。

也许有人会说："希望的力量是对有希望之人才发挥作用的，我已经身陷绝境了，哪里还有希望可言呢？"如果我们这样想，那就大错特错了。希望是自己内心的愿望与希冀，它是否存在，决定者是人本身，而非外界客观因素。一位著名作家曾经说："有一种东西是别人永远也偷不走的，就是心中的希望。"这句话带给我们的哲理就是：希望不会因为任何危机与困厄而消失，如果希望真的消失，那么除非是我们自己主观上放弃了对希望的憧憬。因而，危机之中，希望是否存在，关键在于我们是否拥有一双发现希望的眼睛和一颗坚持希望的心。

有一位富翁因为一次决策失误，引发了企业危机，导致公司破产。在还清所有债务之后，他的别墅、汽车、资产都没有了。已经一无所有的他带领家人回到乡村老家去生活。在遭受这样的重创之后，这位富翁觉得人生渺茫，也曾几经风雨的他觉得自己这一次再也没有力量去突破危机了。他每天都很愁苦，可有一天他发现自己的儿子总是无忧无虑，在贫苦的生活中，他似乎比以前更快活了。

于是他忍不住问儿子："爸爸使你和妈妈一起陷入如此困境之中，我都不知道我们这一次是否还有化解危机的希望，你现在也没有办法像以前一样过舒适奢华的日子了，你心里不感到难过吗？"十几岁的小儿子看着爸爸说："爸爸，我们哪里没有希望呢？你看，以前我们家只养了1只狗，可是现在我们院子里有4只狗；以前我们家的花园中只有一个游泳池，可是现在我们家房前有一条小溪；以前我们家客厅里只有那几盏灯具，可是现在我们拥有满天星星。爸爸，以前你只拥有一幢楼那样大的公司，可是现在你拥有一大片土地。你不可以凭借这一大片土地建出新的公司吗？我们不可以凭借我们现在拥有的一切创造我们新的生活吗？”富翁听了儿子的话恍然大悟，原来随着危机一起被毁灭的只是一种生活状态，而不是生活的希望。自己前几天之所以看不到希望，只是因为自己一直沉浸在痛苦之中，忘记了去观察生活的美好与生机。

从这天起，希望又开始在这位富翁心中萌芽。他每天勤恳地劳动，3 年以后成为这个乡村最富有的农场主，5 年以后他在自己的土地上建起了自己的工厂，并重新成为知名的企业家。

可见，危机并不可怕，希望更不会在危机所引发的困境之中消失。只要我们能够不放弃希望，并善于发现新的希望，那么，我们永远都不会成为生活的弃儿，永远都不会被各种危机毁灭。

一个人能否在灾难的打击中重新振作，不在于这场危机的冲击力有多大，而在于这个人能否有新生的希望，能否依靠希望的指引和支撑坚强地走出人生低谷，重塑精彩人生。

人生不如意者十有八九，而我们经历的那些苦难和挫折都将成为最大的财富，每天给自己一个希望，遇到困难的时候笑一笑，相信这些苦难将成为成长中不可或缺的动力。

享誉医学界的山姆·希伯来，是一位医术非常高明的医生。可是天有不测风云，上帝给了他当头一棒——他被检查出癌症。这名医术高明的医生，自己也成了一名病人。当他得知这一事实后，几乎瘫倒在地上，虽然他的好朋友，同时也是他的主治医生安迪不断地安慰他，只要有一线希望便有机会可以治愈，不要那么沮丧，可是身为医生的希伯来知道，癌症对生命的威胁有多大。

过了一个星期，希伯来决定出去散散心。他来到一片沙滩上，面前是波澜壮阔的大海，一道光亮正缓缓地从海的那边升起来，微弱的曙光让他的心里很温暖，当一轮红日在他眼前升起的时候，他觉得美好的一天到来了，自己应该感恩上天又给了他新的希望。希伯来在海边吹着海风笑了……

从海边回来后，他决定接受治疗，每天做很多事来充实自己，而且整个人的心态变得更加积极。每天早上，他都会对着镜子笑一笑，然后给自己一个希望，告诉自己今天会更好。就这样，希伯来带着希望平安度过了十几年春秋。虽然癌症让他的身体变得异常消瘦，每次做化疗的时候都会让他觉得生不如死，但是希伯来还是会在每一个早晨，让微笑挂在脸上。

每天给自己一个希望，给自己一个微笑，再大的苦难也会被笑容融化。希望将点燃生命的激情，有了希望就会更少去感叹生命的苦和悲，让自己的生活充满信心。在人生的旅途中，苦难将成为最珍贵的财富，在遭遇苦难时，只有拥有乐观心态的人，才能真正收获人生的财富。

“生活的失败并不可怕，最可怕的是希望的泯灭。”哪怕是癌症也并没有那么可怕，人找到生活的意义才不枉此生。

64. 在这个时代里，只有先喜欢自己，才能被别人喜欢

在生活中，我们总是为得不到的东西而烦恼，认为这大概是生活中最不幸的事情。其实，比这更加不幸的事情是对自己的否定，尤其是在发觉困难之初，就急着否定自己的能力。如此一来，又何谈成功呢？

能打败自己的往往是对自己的否定、对自己生活的不自信。生活中不是因为有些事情难以做到，而敢去做，而是先把自己给否定了，才会显得那么难以做到。如果你总是否定自己，那么在以后的人生中，你可能也不会成功。没有自信的人永远不会成功。

在我们身边，这样的例子屡见不鲜，生活中我们也会经常遇到这样的人。

江生，大学毕业后被分到一个基层单位比较重要的秘书科工作。刚开始的时候，科长非常看重他的才华，会把自己来不及做的工作分给他一些。他想把江生培养成自己的得力助手。江生也为遇到这样的领导感到开心。

他把工作做得有声有色，撰写的文稿质量非常高，单位领导高度赞誉他，甚至市委领导也开始慢慢关注他。而此时作为中专毕业的科长却产生了很大的心理落差，他思前想后，决定把江生调基层单位。于是有一次他

抓住江生书稿中的错误，不让他再编写书稿，只让他干点无关痛痒的杂事。这让江生感到心寒，但是他并没有一蹶不振，而是通过不断的努力学习，考到了外省的机关单位工作。

科长无法认识到自己的不足，还想方设法地把别人逼走，但是江生面对这种情况时，没有自暴自弃，而是通过自己的努力获得更好的职位。

别人可以告诉你很多很多，但是却没有任何一个人替你做决定。所以如果你想成功，就要先对自己有信心。只有这样，才能握住幸福的钥匙。

我们都有存在于这个世界上的价值，价值多少不是由外部的评价决定的，而是由我们自身努力了多少决定的。我们要学会接纳自己、磨砺自己，给自己成长的空间。

古希腊伟大的哲学家柏拉图在自己晚年的时候，突然想对自己身边的助手做一番考验。于是，有一天他对自己的助手说道：“我已经老了，急需找到一位非常优秀的传承人，这个人不仅要有超乎寻常的智慧，还要有非凡的魄力与自信……目前为止，我还没能找到这样的人，你能帮助我找到符合这些条件的人吗？”

柏拉图的助手郑重其事地答应了，并且开始每天不辞辛苦地通过各种各样的方式去寻找这个人选。可是，他找到的许多人都被柏拉图否决了。最后，病情越来越严重的柏拉图硬撑着在病床上坐起来，拍着助手的肩膀说道：“你费尽心思为我找来的那些人，实际上还比不上你呢！”半年后，柏拉图已经到了弥留之际，助手还是没有找到令柏拉图满意的传承者。助手对此表示很惭愧，泪流满面地坐在柏拉图的病床边，充满歉意地说：“对不起，让您失望了！”

“我的确很失望。可是，你没有对不起我，而是对不起你自己。”柏拉图说到这儿，气喘吁吁地停顿了许久，才继续说道：“其实，我原本就认定你是我心中继承者的最佳人选，可是，你一直不自信，才会耽误自己……实际上，我相信每一个人都有其优秀的一面，正确地看待自己并发挥自己的优点……”话未说完，柏拉图就充满遗憾地去世了，而他的助手最终也没能通过他的考验。

生活中的你是不是也像故事中柏拉图的助手一样，过分看低自己的才能，不相信自己有那个能力？自卑的人，总是过于关注自己的缺点，常常进行自我否定，没有自信心，所以他们的生活越来越狭隘。

在这个时代里，只有先喜欢自己，才能被别人喜欢，如果你可以接受你自身存在的缺陷，自信自爱，自会有充满自信阳光的人接近你，与你成为朋友，并且与你一起努力奋斗。

记住，只有自己会让自己胆怯和懒惰。突破自我是要花费相当大的精力的，我们要克服自身的缺点，以自信的姿态走向未来。

希望我们可以走出心灵的围墙，做一个理智而豁达的人，跨越生命中的挫折与磨难，卸下心灵的负担，重拾人生的自信，向新的人生道路出发。

在我们没有取得成功之前，请不要对自己说“不”，相信自己，怀揣一颗自信的心去开创属于自己的美好明天。

65. 那些让我们痛彻心扉的过往，都将成为我们最珍贵的宝物

张爱玲曾经说过：“人生是一袭华丽的袍子，里面爬满了虱子。”再好的人生也不可能只有喜悦没有疼痛，但这只不过是命运给我们的一些刁难，没人能够幸免。

“我好疼啊，该死的生活你为什么要这样对我！”在深夜无人的时候，有些人喜欢这样对着黑夜呼喊、尖叫。这样做会起到释放痛苦、放松自己的效果，但是如果你不努力改变自己，让自己从痛苦中挣扎领悟新知识的话，那么你所承受的痛苦又有什么意义呢？在痛苦来临的时候，我们应该迅速变得强大起来。

有一个女孩，她出生于纽约贫民窟。那个无比糟糕的环境里到处都是毒品、艾滋、饥饿。但她只在这里生活了15年。因为15岁的时候，她想改变自己的人生。她选择了捡垃圾，实在无法生存的时候，还偷过别人的东西，晚上就蜷缩在地铁或公园的长椅上睡觉。后来，她的母亲死于艾滋病。她知道，如果一个人没有知识的话，那么即使捡一辈子垃圾也很难走出贫

民窟。她决定去念书，改变命运。

无处安身的她，在拼命地为自己赚取生活费和每天几个小时的睡眠时间外，几乎每时每刻都在学习。仅仅用了两年时间就学了别人6年的课程，并获得了《纽约时报》一等奖学金，最终以优异的成绩考入了哈佛大学。

这是一个女孩与命运抗争的真实故事。她是感动整个美国，乃至整个世界的“奇迹女孩”莉丝·默里。莉丝·默里出版了一本叫《风雨哈佛路》的书，她在书中说：“我为什么要觉得可怜，这就是我的生活。我甚至要感谢它，它让我在任何情况下都必须往前走。我没有退路，只能不停地努力向前走。”

没有遭受过极大的痛苦，就无法变得如此的坚强。大多数人在面对生活的残酷时会不知所措，会终日想着如何逃避痛苦，自愈伤痛，不愿睁大眼睛去看看周遭的形势，不去想到底是什么造成了现在的困境，更不会做任何努力去改变。

如果这样，你的痛苦还有什么意义呢？你会失去强大自我的机会。你所渴望治愈的伤口不仅不会合上，还有可能越来越大。不要再追问“为什么受苦受难的总是我”，也不要再抱怨“这该死的生活，为什么总是跟我作对”。因为这些磨难是上天为了让我们获得成长、走向成熟而考验我们的方式，

如果你学过拳击或者跆拳道，那么你会比其他人更加明白一个道理：“一个人只有先学挨揍，才会懂得怎么保护自己，懂得什么时候撤退才能掌握进攻。”一个拳手连对手最普通的一击都承受不了的话，那他是不会取得胜利的。

我们每个人都走在一条满是荆棘的路上，跌跌撞撞、满身泥泞、受伤

流血、痛哭流涕，我们知道了生活的真相就是跟痛苦相伴，却也只能挺起身子奋力前行。因为我们要变得更强大，而要变得强大就必须承受住各种痛苦。

生活从未干涸，是因为我们曾用泪水浇灌；生活也未失去过美丽，因为我们不懂得如何去发现。那些让我们痛彻心扉的过往，都将在某一日成为我们最珍贵的宝物。

正如陀思妥耶夫斯基所说：“你唯一要担心的只是你是否配得上自己所受的苦难。当你回首往事，一定会想对过去那些令你痛苦的事情说一声：谢谢你们，让我变得如此的坚强。”